2023年度日本建築学会設計競技優秀作品集

環境と建築

JN086098

C O N T E N T S

作品集の刊行にあたって

　日本建築学会は、 その目的に「建築に関する学術・技術・芸術の進歩発達をはかる」と示されていて、建築界に幅広く会員をもち、会員数3万6千名を擁する学会です。これは「建築」が"Architecture"と訳され、学術・技術・芸術の三つの分野の力をかりて、時間を総合的に組み立てるものであることから、総合性を重視しなければならないためです。

　そこで本会は、 この目的に照らして設計競技を実施しています。始まったのは1906(明治39)年の「日露戦役記念建築物意匠案懸賞募集」で、以後、数々の設計競技を開催してきました。とくに、1952(昭和27)年度からは、支部共通事業として毎年課題を決めて実施するようになりました。それが今日では若手会員の設計者としての登竜門として周知され、定着したわけです。

　ところで、本会にはかねてより建築界最高の建築作品賞として、日本建築学会賞(作品)が設けられており、さらに1995(平成7)年より、各年度の優れた建築に対して作品選奨が設けられました。本事業で、優れた成績を収めた諸氏は、さらにこれらの賞・奨を目指して、研鑽を重ねられることを期待しております。

　また、1995年より、本会では支部共通事業である設計競技の成果を広く一般社会に公開することにより、さらにその成果を社会に還元したいと考え、作品集を刊行することになりました。

　この作品集が、本会員のみならず建築家を目指す若い設計者、および学生諸君のための指針となる資料として、広く利用されることを期待しています。

日本建築学会

2023年度 支部共通事業　日本建築学会設計競技
環境と建築

前事業理事
郷田　桃代

2023年度の設計競技の経過報告は以下の通りである。

第1回設計競技事業委員会（2022年8月開催）において、妹島和世氏（妹島和世建築設計事務所主宰）に審査委員長を依頼することとした。2023年度の課題は、妹島審査委員長より「環境と建築」の提案を受け、各支部から意見を集め、それらをもとに設計競技事業委員・全国審査員合同委員会（2022年12月開催）において課題を決定、審査委員7名による構成で全国審査会を設置した。2023年2月より募集を開始し、同年6月12日に締め切った。応募総数は300作品を数えた。

全国一次審査会（2023年7月26日開催）は、各支部審査を勝ち上がった支部入選70作品を対象として、審査員のみの非公開審査とし、全国入選候補12作品とタジマ奨励賞10作品を選考した。全国二次審査会（2023年9月13日開催）は、全国入選候補12作品を対象として、日本建築学会大会（近畿）の京都大学にて公開審査で行われ、最優秀賞、優秀賞、佳作を決定した。

2020年以降は新型コロナウイルス感染症の拡大防止によりオンラインにて実施していたため、大会会場での公開審査は今回で19回目を数える。熱心なプレゼンテーションと質疑審議が行われた審査会は大会参加者による多数の参観を得ており、会員に開かれた事業として当設計競技に大きな関心が寄せられている証でもある。審査会における各応募者のプレゼンテーションはきわめて高い水準であった。

環境と建築

審査委員長
妹島　和世

「環境と建築」という課題について、応募要項で、建築と環境がどのような創造的関係を生み出せるか、建築が環境にどう関われるか、についての提案を求めると書きました。それはつまり、ある環境に合う、あるいは相応しい建築を考えてほしいという問いではなかったと思います。環境はそこにあるものでありながら、常に変化しているものだと思います。もちろん建築はそれがたつ環境にふさわしい、その環境に溶け込んで一要素になるべきものだと思いますが、同時に、その一要素である建築が、そこにある環境を未来に向けて新たに作っていくものでもありたいと考えます。審査では、どういうものが環境的な建築なのか、そして同時に、その提案によりどのような環境が生まれているか、あるいは生まれてくるか、二つの関係が相互に創造的なものであるかどうかが話し合われたと思います。

いくつかの案は、環境を相手にしようとして扱う対象が大きくなり、それを一つの建築にまとめようとして、例えば、街のような建築とか、大きな自然をまたぐような建築などが提案されたりしました。それらはたいへん力のある提案でしたが、その結果どちらかというと、これから新しい環境が生まれてくるというより、大きなエリアが施設と呼ばれるような物になっているのではないかと思わされるところがありました。大きなことは魅力的でしたが、全部を計画し尽くそうとして、逆にさらなる広がりが生まれるのが少し難しいものになっていったように感じました。

それに関係するかもしれませんが、卒業設計であればこの案は素晴らしいのだが、というコメントが時々出ました。それはどういうことなのだろうかと考えました。つまり今回の課題に対する提案を理解しようとする時に、何か設定、あるいは範囲を作って、それに向けて収束する、あるいは完成しているというプロジェクトではない、完成形を見るというより、そこに時間を含み込んだ、なにか20年後を想像したくなる、魅力的な新しい環境が作られていくだろうなと思わされる、そういう案を見たかったように思います。

家がわりという、家族形態の変化により家の取り替えを行うという風習の紹介がありました。それはとても機能的なことから行われるようでしたが、その結果、離れた二つのあるいは三つの家に何らかの関係が生まれ、さらに、交換を行った人々の間にも接点が生まれてくる。普通の引越しと全く違うのは、交換という点だと思います。その交換は集落内で行われて、大きな家族が少しずつできてくるような感じで、この交換により集落が継承されていくのだと思います。家が改築されたりしながら、集落の全体像が少

しずつ変わり、新しい大家族が作られたり減ったりしながら、いろいろな風景が現れてくるのだろうなと様々な想像が膨らみ大変面白いと思いました。そういう事例を発見してくれたことですでに提案になっているとも言えるのかもしれませんが、もう少しだけ何か新しい未来に向けた新しい集落像の提案を見てみたいと思いました。

　時間を含み込む計画、あるいは形、をどうやって示せばいいか、それがすごく難しいと感じました。設定をどこまで正確にしてどこからオープンエンドにしておけば良いのか、模型をどの範囲までどういうスケールで作るのがその時考えていること、そして未来を示唆しそれぞれの人が思いをめぐらせることができるのか、計画の示し方をどうすれば良いか。そういうことが、建築の記述の方法というより、これからの建築のあり方、少し大袈裟に言えば、これからの建築とはどういうものか、について考えることにつながるのではないかと思いました。

　最優秀賞の案は、他にたくさんの力作がある中で少し迷いましたが、経済的な側面から異常に大きな工場が作られる現実の中で、それを放置するのでなく、それを利用しながら、自分たちの手でなんとかそこに人間の関われるスケールを持ち込み、そしてそれが実際に非常に大きな自然とも言えるようなスケールにもなって、新しい風景を作っていく、生活の環境を作っていく、というダイナミックな循環の提案に惹かれました。一人一人が思い思いに考えを発展することができ、一人一人が、思い思いに実際に作ることに関われる、そういう提案のされ方、示され方が素晴らしいと思いました。

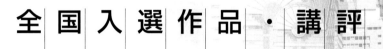

全国入選作品・講評

最優秀賞
優秀賞
佳作
タジマ奨励賞

支部入選した70作品のうち全国　次審査会・全国二次審査会を
経て入選した12作品とタジマ奨励賞10作品です
（5作品は全国入選とタジマ奨励賞の同時受賞）

タジマ奨励賞：学部学生の個人またはグループを対象としてタジマ建築教育
振興基金により授与される賞です

壁面中和プロジェクト

坂田愛都　　　　　光永周平
古賀凪
熊本大学

CONCEPT

熊本県菊陽町に、巨大な半導体工場が建とうとしている。この工場は今後の日本社会にとって不可欠ではあるものの、莫大な利益をもたらす一方で、周囲の環境と不調和を生み出している。本案はこの巨大なボリュームが出現することは避けられないと考えたうえで、壁面から内部の梁を突き出したり、その梁に緑化を施したり、循環水・排水システムを壁外に顕すことで、敷地周辺あるいは熊本の人々と工場壁面を中和する計画である。

支部講評

半導体工場は無機質な巨大な箱であり、周辺の風景と馴染まず、浮いた存在となっている。そのような、工場の壁面を、風景をつくり、地域への愛着を育むための一つの可能性として捉えたところが、本作のユニークなところである。工場の梁を拡張して多様な空間を周辺に構築し、壁面には緑と水システムの可視化の要素を組み込む。建築的には少々強引な操作に感じられるものの、巨大壁面を風景や地域をつくる環境要素として位置付け、周辺との関係を生み出すために機能させるアイデアは、いかなる負の要素も建築によって反転させられるという可能性が感じられ、元気付けられる提案である。

（宮崎慎也）

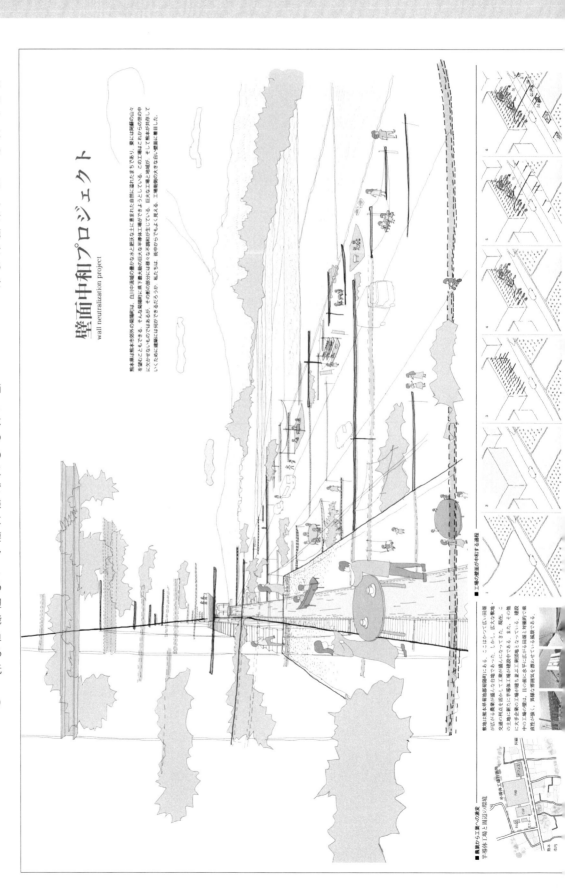

壁面中和プロジェクト
wall neutralization project

近代的な工業化社会は、それまでの人間的な営みのスケールを遥かに超えた、非人間的な風景を生み出してきた。私たちは今、工業化社会をへて情報化社会を生きており、工業的なもののもっていた画一性とは異なる一歩を踏み出したかに見える。しかしながら情報化社会を支えているさまざまなデバイスもまた、近代的な工場でつくられているのだ。近代的な非人間性はまだまだ蔓延り続けているわけである。この案の敷地として設定されている地方の風景に突如現れる半導体工場という存在には、私たちの置かれたそんな複雑な状況が凝縮されているといえるだろう。この案はそんな状況に対する、人間性の側からの、あるいは生命性の側からのカウンターパンチだ。

非人間的な半導体工場の壁から、ニョキニョキと鉄骨の「毛」のようなものが生えている。それは本体のフレームから派生したささやかな付加物にすぎないのだが、これをとっかかりとして、人や植物のさまざまな営みが絡みつくのだ。田園的な風景の中に突如として現れる、取りつく島もないような工場周りの環境が、こんなにもささやかなきっかけで全く変質してしまう。非人間的な風景が、どことなく笑いを誘うようなものに転換されているのだ。まさしくこれこそ語の正確な意味でのユーモラス (humorous) な、つまり優れて人間的なアイデアとはいえないだろうか。最小限の一手でこんな根本的な変化を起こしてしまう賢さにも、人間の側からの反撃の痛快さがある。控えめなのに野心に満ちた不思議な案が、鮮やかに最優秀賞に輝いた。

（平田晃久）

9

山海を編む学び舎
観光と生活を連関する風景として

幸地良篤
山井駿
京都大学

CONCEPT

漁業から観光業へ軸足を移しつつある伊根町において、増加する観光客と集落の暮らしとの緩衝帯として、私たちは伊根小中学校に注目した。学びが集落全体へと離散し、子どもの学習環境は海から山へと大きく変化する。観光客は、場所と時間を子どもたちと共有しながら、農業と漁業、そしてその連関の中にある舟屋の風景という伊根の環境を体感する。海と山を繋ぐ流れの中で、町全体への環境認識を触発する学校を提案する。

支部講評

伊根町のオーバーツーリズムを、小中学校の通学や規模の課題、漁業農業などの地域課題につなげて解決する試みだ。必要な学びの場をリニアな屋根が連なる風景に落とし込み、舟屋群が接する海と背景となる山をつなぐ媒体とし、そこに観光客のアクティビティを挿入することで、今のところ舟屋という点である観光資源を、漁業農業などの生業を含めた伊根町全体を観光資源とするように面化させ、観光客の集中や駐車場などの交通問題の解決を図っている。また学びの場を観光客との接点となる食堂や既存舟屋群に離散させ交じらせることで、この地区全体が学び舎で編み込まれ、子どもたちによって伊根の将来が生き生きとしたものになっていくことが期待できそうだ。

（小幡剛也）

まちの小さな魅力を教室化していく。①は解体された舟屋の記憶が残る基礎の上に小さな屋根を設置し野外教室とした。穴が空いた部分に景観を守る妻入りの屋根をかけながら、高さは抑え、まちの人の意識がその基礎の魅力に向くような教室を目指した。伊根の漁場で存分に学べるよう、7 ヶ所に小さな建築を加え、10 ヶ所以上の新しい野外教室を計画した。

① まちの教室 広域配置図 1/3000

観光客ゾーン（黄）
中学校ゾーン（赤）
文化ゾーン（緑）
小学校ゾーン（橙）

① 小学校教室平面図 1/250

② お祭り室 + 6 年生教室平面図 1/600

③ メディアギャラリー平面図 1/800

④ 小学校食堂平面図 1/800

⑤ 伊根小中学校計画図 1/1500

中 3 生教室断面図 1/120

6 年生教室断面図 1/200

伊根展示室断面図 1/120

小学校食堂断面図 1/275

山裾が海辺に迫る固有の地形をもち、舟屋が並ぶ海沿いの街並みが印象的な京都府伊根町を舞台に、解決すべき課題である小中学校の統合による学区の拡大化と観光業とを複合的に考え、日常と非日常が交わることで生まれる新しい環境を目指した提案である。

舟屋の並ぶ海辺だけでなく、伊根という地域を一体的に捉えて建築で課題を解決しようとする姿勢、自然と地域固有の建築の中に新たな建築を据えることで、人々の関係を再構築しようとするストーリー、そこにある豊かな自然を丁寧に捉えたドローイングの美しさを評価した。

地形そのものを生かし、建築により体験のシークエンスを組み直し、自然豊かな観光地に住む人と訪れる人が関わり合う仕掛けを設けることで新たな環境がその場所につくられていくことを期待させる。

2 次審査においては、建築と環境の創造的な関係としての新規性という点で票が伸びなかったように思う。入り江の周辺を一体的に利用する提案ではあるものの、解体した舟屋を利用した野外教室、海辺の広場と小中学校の関係が希薄である点が残念に感じた。舟屋をまた、山海を編むというタイトルを実現するのであれば、海側だけでなく山側の風景も積極的に生かす提案が良かったのではないか。山裾に張り付くような建築ではなく、空間を設けることも有効であると感じた。

（畑江木央）

88ｍの余白
－藍による分断された水との関わりの再考－

髙橋知来　　　　　渡部美咲子
方山愛梨
愛知工業大学

CONCEPT

徳島県美馬市を流れる吉野川の流域沿いでは、河川の洪水被害とともに、肥沃な客土が良質な藍の生産を支えてきた。しかし、堤防完成により川と街が分断され、かつての生業風景は失われた。そこで本提案では、かつて藍産業で栄えた「うだつの街並み」から伸びる舟運の痕跡を頼りに、堤防に対して3つの桟橋を挿入し、その間を生業拠点として再編する。それにより藍を介した新たな水辺環境を計画し、川と街を、過去と未来をつなぐ。

支部講評

自然環境の変化による災害は別次元になりつつあり、当然治水は優先され、その土地が積み上げてきた利水の文化は、有益な知恵も含め失われつつある。この計画は河川法を無視した計画ではあるが、藍で栄えたこの地区に伝統の利水の知恵を、藍産業の復興と共に、まちおこしにまで再構築させようとする計画だ。河川の計画流量確保のため、堤防自体を堤内地側へ大きく弧状に引き込み、できるワンド空間にこの施設を配置し、治水、利水の知恵を共生させ得たら、激変する環境に対応する新しい施設の風景が見えるかもしれない。

（中川俊博）

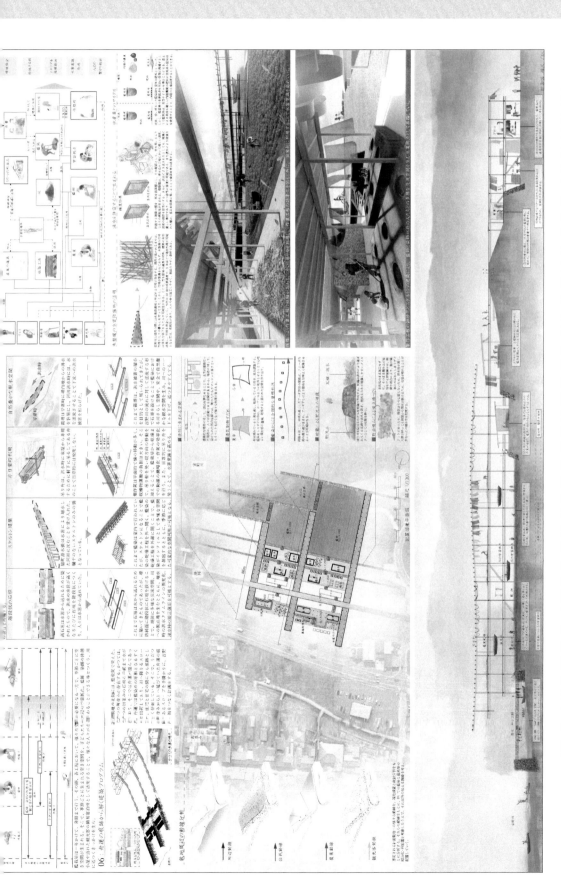

良質な藍の産地である徳島県美馬市を対象として、吉野川に架かる潜水橋をはじめとしたエレメントを使いながら、水害に備えるための堤防により生じた川と人の生活との物理的距離を藍染産業でつなぐという提案である。

藍栽培や藍染の制作工程を水との関係性と浸水許容度で再構築し、うだつの街並みに残る舟運の痕跡を手がかりとしたスケルトンフレームに配置しており、物理的距離の解消だけでなく、多様な関わりが生まれる新たな気運の高まりを感じた。剣山を背景として、川を活用した自然サイクルの中で藍染が行われる風景は純粋に訪れてみたいと想像した。

88mという距離および規模の必要性、木組や寸法についての工夫、スケルトンにより建築空間として求められる機能が満足しているのかという検討をさらに深めたいと思わせる作品である。水害が起こった際にどのように壊れ、どのように復旧するのかを検討し、壊れやすいが復旧も容易であるという視点で構成するということも有効であったのではないかと感じた。

本案は全国一次審査においては最もたくさんの票を集めた作品であった。建築と環境の創造的な関係としての新規性について期待されている今回の設計競技において、環境として捉えたものの視点の新規性という点で全国二次審査で票が伸びなかったが、丁寧なリサーチに基づく力作であり、プレゼンテーションコツが美しいことも含めて高く評価した。

（畑江未央）

優秀賞
タジマ奨励賞

窓辺の家
街の背景としてのプロトタイプ

髙安耕太朗

東京理科大学

CONCEPT

今回の提案では出来事と出来事の連関を環境と呼び、建築することによってその環境を支え、また新たな連関を作り出すことを目的とした。設計は内外の境界面である窓に幅を持たせ空間化することから始めた。この住宅をプロトタイプとし町に置いていくことで、今まで活躍することのなかった隣家との隙間が、意味を持ち始める。自身だけでなく他者の生活も内外を曖昧に行き来し、そこでの出来事はやがて連関していく。

支部講評

昨今の地震や集中豪雨、地滑りなどの自然災害は激甚化すると共に頻度が高くなっている。一方で、地域の災害に対する対策や予防としては、地域コミュニティの形成は欠かせない。新興住宅地では、地域コミュニティの希薄化が防犯や災害に対する街づくりの視点においても課題になっている。今回の提案は、新たな新興住宅地において、窓辺に生活感あふれる場を配することにより、周辺に住まう人や廻りを歩く人は、言葉を交わさなくても、住み手の生活の息づかいを感じることができる。この提案は、地域で見守るコミュニティを形成する新たな提案の可能性を秘めていると期待すると共に、かつての「お隣さん」の関係が懐かしく記憶を呼び起こした提案でもあった。

（鈴木教久）

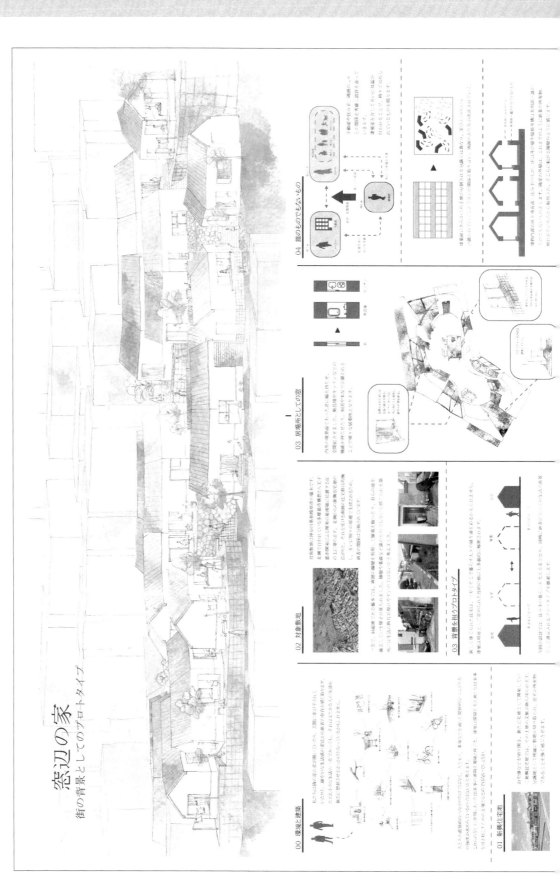

平面図

全|国|講|評

住宅の床以外の壁や屋根・外構を「誰のものでもないもの」とすることで、人とモノ、事象などを通した間接的なつながり・出来事の連関を生み出す計画である。土地や建物の所有の概念を変えることで、「誰のものでもないもの」に生活の断片が彩られ、窓を居場所として空間化する操作によって、それらの表出がより豊かに関係付けられている。

審査の場面では、これらの提案によって新たな街が形づくられていくプロセスについての議論もあった。あらかじめ区画分譲されていないがゆえの配置の恣意的なあり様は、新たに増える家が隣接する家との関係を意図的に生み出すことで形づくられるのと同時に、その意図は上書きされていく。すでにある擁壁のようなインフラや、生み出されていく「誰のものでもないもの」たちを、どう互いの関係を取り合いながら形づくっていくのか？

一方で、提案された住宅は、切妻屋根の平屋という家型のアイコンを強く保ちながら、特徴的な「くの字」型の平面をもっている。住宅を所有すること＝内部の床を所有することと仮定するのであれば、「誰のものでもないもの」はひとつの住宅ごとに帰属するものではなく、もっと自由に拡がり、住宅はエレメントに解体された自由な姿を手に入れることもできたのではないか。そんなことを考えながら、さらに想像を膨らませてしまう楽しい提案だった。

（石塚和彦）

15

脈を打つ愛着
モノの循環によるコミュニティ形成の提案

中嶋海成　　　内藤三刀夢
井上泰志
福井大学

CONCEPT

棚田という環境の上にさまざまな文化が積層する福井県福井市居倉町を対象として、住民のモノの所有と愛着に焦点を当てることで、この集落らしさの距離感を保ちつつ、人は繋がり、モノは建築によって循環する。集落上に5つのプログラムを配置することで、個々のモノに焦点を当てながら、集落全体にさまざまな文化のモノを張り巡らしていく提案。

支部講評

「脈を打つ愛着」は福井県の越前海岸沿いの居倉町を対象とし、異なる愛着が引き起こすモノを介した集落再生の計画である。集落のフィールドリサーチを丁寧に行いながら、集落に堆積・滞留しているモノを発見し、海岸、集落、水仙畑エリアの空間との関係を捉え、集落環境を提案している。集落に存在するモノを共通資本と捉え、空間を構成する要素として循環させることにより、地域住民・来訪者の交流を刺激し、歴史、文化、モノが蓄積された集落の新たな風景を示している。モノがもつ記憶によって特徴的な空間を創出しつつも、集落に馴染む環境の形成手法を提示する秀逸な作品である。

（棒田恵）

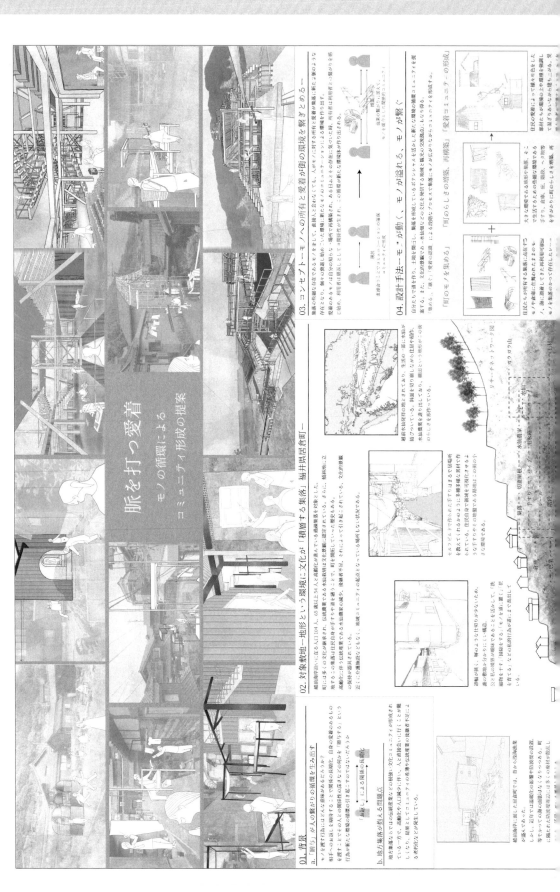

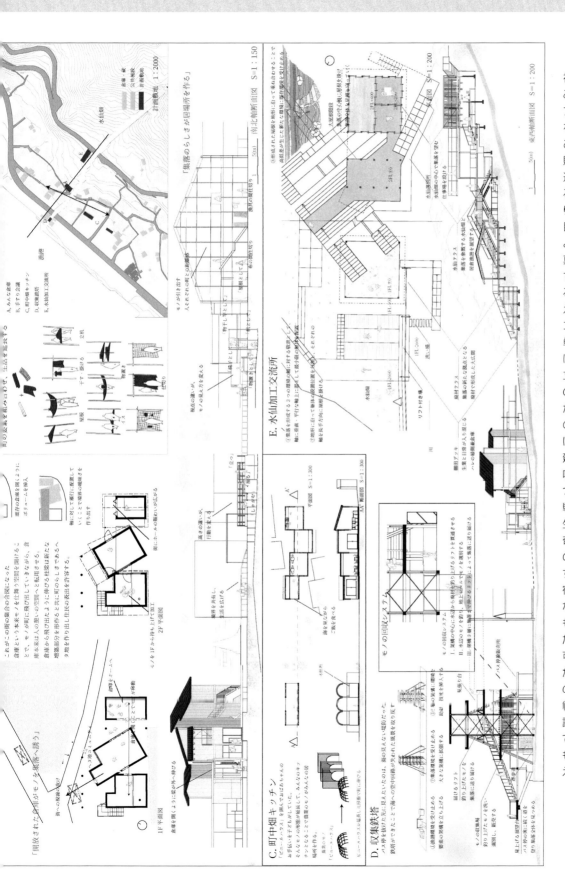

福井県の集落の環境を丁寧に読み取り、更なる投げかけを行うプロジェクトである。その積極性を作者は贈与の概念で説明する。ここにある魅力的なものたちが贈り物だとして、作者たちはその返礼としての建築をつくろうとする。贈り物に相応しく、ありきたりでなく、状況を揺さぶるものが目指される、というわけだ。このような考え方は、コンテクストを真摯に読み込んだ提案が陥りがちな、そこにある状況を反映するだけの消極的な態度を乗り越えるきっかけとなるだろう。このコンペの主題である「環境」とは、単にすでに与えられているものではない。生物の数だけ環世界が立ち現れるように、建築にとっての環境もまた、建築からの投げかけを通してその都度現れるものだからである。作者たちが掲げる贈り物の概念は、そのような建築からの投げかけの積極性を喚起する。川の真ん中に塔が立つというような、一見面食らう挑戦も含んだ案はそんなところから生まれてくる。しかし提案は単に奇抜さを狙ったものではなく、この集落に対する真摯な視線に満ちている。彼らが捉える愛着の宿りしろは、手すりのような小さなものから、棚田のような大きなものまでさまざまなスケールにわたっているが、どれも素直で理解可能な思いを感じられるものばかりだ。そのうえで贈り物としての投げかけが行われるのである。帰結として提案の総体には不思議な説得力が漂っている。審査では模型表現の拙さが指摘されもしたが、それを超えて新しい考え方を示した点で評価に値する。

（平田晃久）

Co-LEC
－エネルギー循環による住工共存型の産業都市－

石井彩香　　　　佐竹亜花梨 *　　　　細川若葉 *
橋本健太郎 *　　小田裕平 *

大阪市立大学　*大阪公立大学

佳作

CONCEPT

四国中央市は、製紙産業が盛んな地域であり、製紙の製造品出荷額は日本一となっている。戦後の産業発展により、住工混在地域となり、数々の公害問題を抱えてきた。一部の工場は沿岸部へ移転したが、結果的に住民の生活から親水空間も奪うこととなった。

本提案では、地域住民の生活を支えるシステムを構築し、拠点施設から緑道・親水空間を通じて地域住民にエネルギー等を還元することで、住工共存型の都市環境を創造する。

支部講評

この地は製紙業を中心として発展してきた。それは人々の生活を支えるものであったため工場と生活空間を分離できず工場と住居が混在しながら地域に残った。

この提案はこのような町がなぜできたか調べるところから始まり問題提起し、現在の状況を直視した。そして今後の製紙業の衰退を憂慮し廃工場の活用方法を提案に取り入れるなど未来を見据えている。

排除するのではなくこれからも共存していくための方法として工場を町の中心に据え既存活用の中に住環境の改善を取り入れることでより豊かな住まいを工場と共存しながら確立していこうとする前向きな提案を評価したい。

（二宮一平）

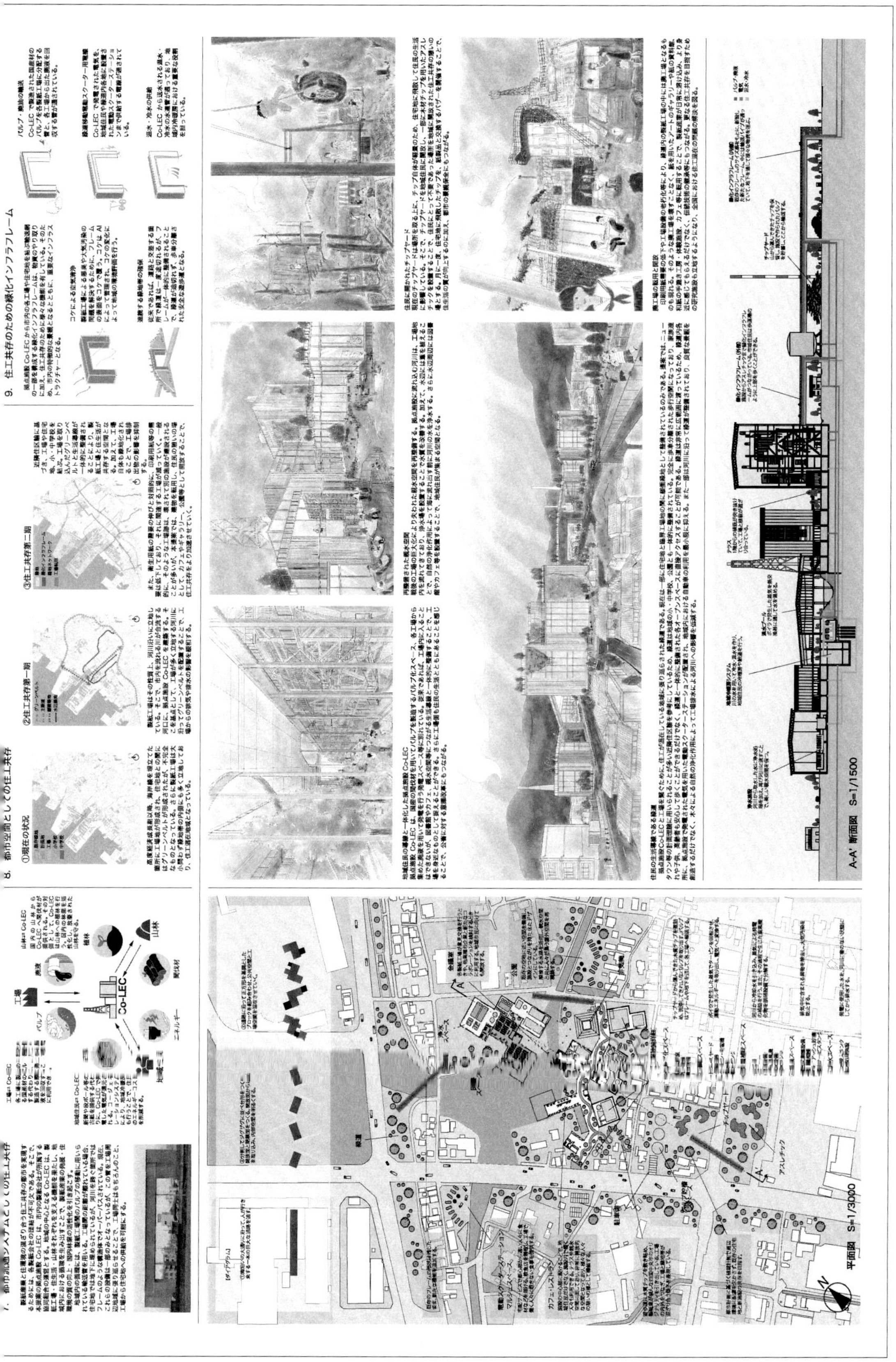

全|国|講|評

かつて新全国総合計画で「新産業都市」に指定された工業地帯のリノベーションである。現施設は環境改善し、空き工場の一部を交流施設などに改修、緑化によって快適性を高めることで生産性を高め、真の産業都市にする提案である。かつて水谷穎介が提唱した「まち住区」を現代版に発展させた考え方であるが、環境と建築という視点からするともう少しまち全体をデザインする姿勢が感じられればもっと共感が集められたかもしれない。

（藤村龍至）

A-A' 断面図　S=1/1500

平面図　S=1/3000

佳作

ケ、時々ハレ

大谷大海　　　　　　藤谷健太
佐々木紀之佑
室蘭工業大学

CONCEPT

原っぱに立方体を置いてみる。これは建築的かつ原初的な環境をつくる手法と言えるのではないだろうか。

都市スケールでこの環境をつくるスタジアム建築は、大きなVOIDを都市に開けることができるが、週に数回行われるスポーツやイベントなどの「ハレ」としての環境に留まってしまっている。「ハレ」としてのスタジアムと「ケ」としての学校を掛け合わせることで、人口縮小社会における多様な市民活動の受け皿となる環境を創り出す。

支部講評

スタジアム建築は時々使われるいわば特別な空間であり、作者はこれを「ハレ」と想定し、毎日使われる学校を「ケ」とした。人口縮小社会においての多様な市民の受け皿となる環境を創り出す装置として、この二つの用途をあわせることで「ハレとケ」の新たな空間を生み出している。この手法により生まれた空間は街に新たな風景をつくりだし、それはいずれ周辺環境となり社会に馴染むことだろう。それこそが本当の意味で建築が環境の一部になった証であり同時にサスティナビリティをも生み出す。この計画はその可能性をもっている。

（小西彦仁）

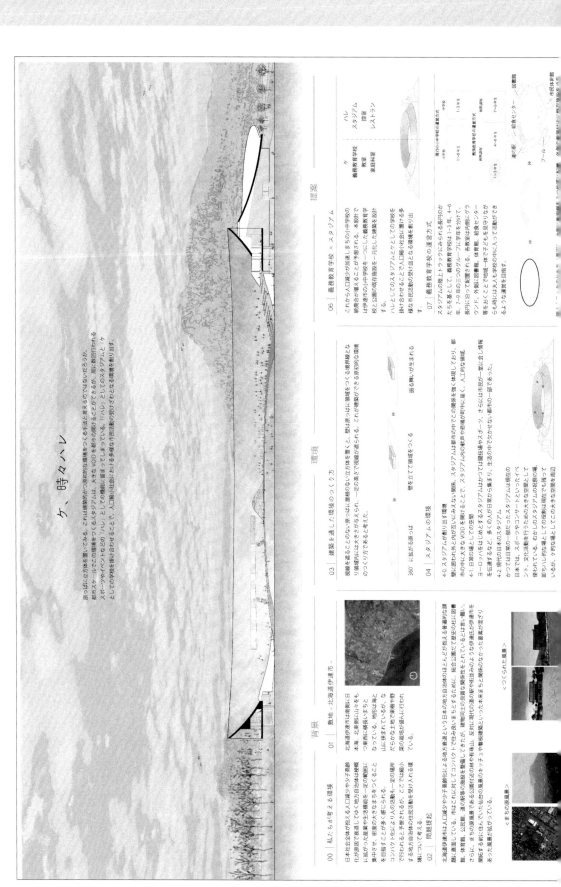

□形態ダイアグラム

□断面計画

□フレキシブルな使われ方の学校教室

全｜国｜講｜評

北海道伊達市中核部に位置する公共建築群を含む環境再編計画である。その中心的存在として着目したのがスタジアムである。ここではスタジアムという空間を都市のヴォイドとして「再発見」している。ただし、スタジアムは通常、閉じた箱の中のヴォイドであることがほとんどであり、しかもハレの部分しか担わないとする。それに対してスタジアム外周部を日常機能であるケの場所として、学校や道の駅などでリング状に取り囲み、都市の日常性と連続させている。都市境界としてのケのリング、その内側にハレのスタジアムが空と地を垂直に結びつける。伊達市は他地域の地方都市と同じく無特性でやや場当たり的な公共建築群が中核部をなしている。乱暴にいえば「個性なき地方都市」の一つと位置付けられる。この計画における秀逸さは、都市のハレのヴォイドとしてのスタジアムを、ケで包みこみ都市と結びつけたことである。しかし、その真骨頂は、ハレの場が同地の根源的場所である森や山並みと共に空と地をつなぐ原風景として空間化されていることである。こんな場所が恒常的なヴォイドとして都市の中にあり続けることで、ともすれば見失いがちな大地や空や森、山々と共に在る、「人間存在の根っこ」を思い出せるのではないか。それならば本当に素晴らしいと思うと共に、こういう空間が各地方都市や郊外さらには新しいヴォイド計画の雛形にもなりうると考えている。

（渡辺菊眞）

21

替わる家、つなぐ未来
菅浦の湖岸集落における家ガワリの制度を用いた職住一体の住まいの提案

佐竹亜花梨

大阪公立大学

CONCEPT

滋賀県長浜市にある菅浦の湖岸集落は、陸の孤島という僻地でありながら、さまざまなものを内部で循環させ、人々の生活文化を受け継いできた歴史を持つ。家ガワリの制度とヤンマー家庭工場はその生活の工夫の一部である。これらを現代に応用し、家族形態の変化、伝統的住宅を継承、地方産業の復興に対応する。集落形成の秩序を本案における環境として捉え、集落における住環境の持続的な継承と活用を導く住み熟しのシステムを提案する。

支部講評

古くから継承される「家ガワリ」の制度を現代の暮らしにあわせて再構築し、限界集落の持続可能性に繋げる住環境システムの提案である。独自の集落自治に着目し、家ガワリという集落内部での循環を継続的に行うことで、過疎問題に対して一つの解決策を提示している。緻密な家族設定とポップに表現された生活スタイルは非常に引き込まれるプレゼンテーションであるが、時系列に変遷する平面計画に具体的な改修計画が反映されていないのが少し残念である。家庭工場の建築的な提案や移住者に対する魅力付けなどがあればさらにまちの持続性を想像させることができるだろう。地域の歴史や伝統を文脈にしつつ、社会的課題に向き合った意欲的な作品である。

（三宗知之）

琵琶湖の入江に位置する菅浦という集落を題材とした作品である。陸の孤島と呼ばれる村だが、狭い範囲にさまざまな生業があり人々が高密に暮らしてきた。歴史は非常に古く、いわゆる千年村であるようだ。

この提案では菅浦に古くあった「家がわり」という家屋交換制度と、高度成長期にもたらされた「ヤンマー家庭工場」という二つの独特のシステムが紹介されており、これが大変現代的で面白い。

家がわりは格差のある当事者２軒で合意により家屋敷を交換するシステムである。村の貴重な資産を無駄なく使い、集落構成員の格差を最小限にとどめる作用があった。

ヤンマー家庭工場は８畳程度の小さなプレファブで住居の敷地内に設置される。街に出ずに農業の傍ら工業生産の仕事ができるようにとヤンマーディーゼルの創始者が考案したシステムである。集落の生計維持に大きな役割を果たし、現在も数箇所は稼働しているそうだ。昭和の実業家の故郷への想いに感銘を受けるほかない。

惜しむらくは二つが面白すぎて提案が霞んでしまったことである。千年村が編み出してきた独自システムの普遍性に比べ提案は場所性に寄るためどうしても負けてしまう。

家がわりって要は賃貸取引でしょ、と思えるかもしれないが、その本質は単にライフステージの変化に対応して空間を取り替えるということでなく、構成員間の「格差を最小限にとどめる」という部分にあるではないかと考えている。

集落として生き延びるための、半私有半共有よりも少し私有の度合いが強い、7割私有／でも3割は共有、というような絶妙なラインがあるような気がする。

それが見えてきたら提案はもっと違うものになるかもしれない。今後に大いに期待したい。

（吉村真基）

獣之水都
～農業と獣害の問題を解決する原点となる仕組み～

中川桜　　　　　市村ともか　　　　　佐野芽衣子

原陸　　　　　　杉谷望来

長岡造形大学

CONCEPT

農業が盛んだった新潟県長岡市栃尾入塩谷地域では、地方の農村特有の人口減少や暗い雑木林の増加に伴う獣害被害により農業が衰退している。一般的な獣害対策ではなく、動物を敵と見做さない設計理念のもと、循環型の耕作放棄地の復興を通じて、水系と動物の生態を絡めながら周辺の自然環境と呼応し、動物と人間の根本的なあり方を再考していく。これをプロトタイプとし、獣害と農業という相容れない問題を解決する場作りを目指す。

支部講評

獣害対策と農業再生を融合させた計画である。耕作放棄地に野生動物が住み着くことで、さらに人間が介入し難い場所となることを誰もが知っているように、農業と獣害はひとつながりの環境問題である。この関連性を軸に3段階の建築群を設け、「家畜」「ビオトープ」といった人工と自然の中間的な存在を挿入することで、人間と動物の領域を明確化し、動物の糞など自然からの恩恵を農業という営みの中で再確認できる仕組みを提案している。囲い罠や電気柵といった動物を寄せ付けないための装置を一切使わず、あくまでもニワトリ、ヤギ、野生動物の生態を利用した「棲家」の提案に、環境創造に建築が関われる可能性を感じた。

（寺内美紀子）

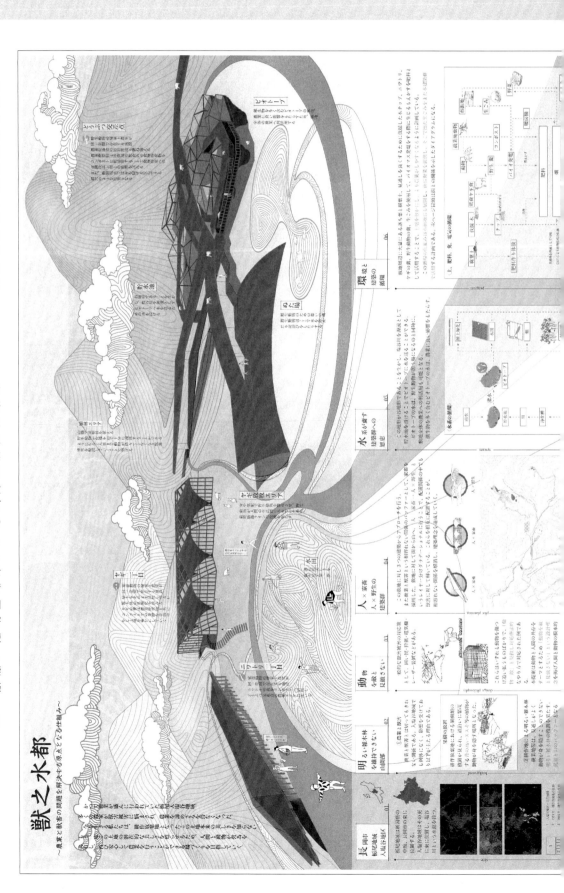

全｜国｜講｜評

今回は動物と人間をテーマにした
作品も多かった。

「獣之水都」は獣害に対する提案
である。近年、獣害が目立つよう
になったのは、里山の衰退が原因
であるという。林業が衰退したこ
とでかつては分厚かった人間界と
野生動物の間の緩衝空間が薄くな
り、農地に野生動物が闊歩するよ
うになる、獣害でさらに農業が衰
退する…という悪循環である。

この作品は、そのようにして放棄
地となった谷地に動物と人間の間
の新たな中間領域を提案するもの
である。

水都とあるように水資源の豊かな
谷を敷地に、ニワトリ一丁目、ヤ
ギ二丁目、そして野生動物たちの
動物交差点と動物を主役にしつつ
都市をレファレンスしたような名前
が付けられているのが面白い。

アイデアの核は人間と野生動物の
間のバッファとして家畜のエリアを
つくった部分だろう。家畜の存在
が野生動物たちにとっては実質的
に人間界との間の壁になるという
ことだろうか。日本では人々は家
畜と共生することをやめて久しい
が、動物と共生する社会であった
ことがひいては人間の環境を守る
ことだったのかもしれない。

全体として少々建て急ぎの感…家
畜までともかく、野生動物の交
差点となるとさすがにもう少し丁
寧な議論とプログラム構築が必要
な感じがしないこともないが、何
よりも元気のよい造形が面白く見
応えがあった。

水都という割には水と建築の関わ
りが薄いような気がするのと、動
物交差点にガラスが多用されてい
るのが気になるといえば気になる。
ここまで手の込んだ建築をつくる
と常時人間が関わる必要も出てく
るだろう。となると野生動物の環
境では既にないのでは。…そうし
た細かいツッコミをモノともしない
野性味と骨太さを備えた力強い建
築の提案である。

（吉村真基）

25

佳作
タジマ奨励賞

一菌万倍
～キノコから始まる塀の新しい常識～

中島崇晃　　　　山田貴平
栗山陸　　　　　彭欣宜
日本大学

CONCEPT

再生可能エネルギーの使用、生態系・森林の保護、廃棄物処理等、環境への取り組みはどれも大規模なもので、環境を身近に感じ、意識できるものではない。

普段目にする街の一部の素材を自然由来の材料で代替することで、新しい遊び道具・新しい居場所・新しい街並みを作り出し、最終的には環境も変えることができる。このような新しい流れを誘発していくことが、建築における環境への取り組みのスタート地点ではないだろうか。

支部講評

コンクリートブロック塀は日本の風景の特徴をつくっている隠れた（いや、決定的な）環境エレメントのひとつだ。そんなブロック塀を、キノコの菌糸体と廃材を使った新しい建材「キノコブロック」に置き換えていくという本提案は、プロダクトレベルに対する斬新な提案に加え、それらキノコブロック塀が普及していくことにより、都市風景にインパクトを与えていくことを想像させた点で高く評価できる。コンペではあるが、実際に菌糸体と廃材を使って試作品をつくったりした試行錯誤の様子があればもっと面白い提案になっただろう（試作品なので失敗していても全然よい！　その中に本当に面白い創造性の芽が潜んでいるはず）。キノコブロックの試作が開始されることを期待する。

（連勇太朗）

キノコ菌糸と廃材を発酵させてつくる「キノコブロック」という新素材による環境形成提案である。環境問題と、その対応の多くが身近にイメージし難い大きすぎる問題であるとし、それに対して、手に触れることが可能な素材と、その複合によってできる小さな構築物を起点に展開する環境形成を提示している。具体的には倒壊の危険等で問題視されているブロック塀に着目し、これを軽量、有機的素材であるキノコブロック塀に置き換える提案を、東京都内の1小学校を題材にして提示している。キノコブロックは塀を軽量化し倒壊による危険を大幅に軽減すると共に、小学生でも運搬・組み上げることができ、塀だけでなく遊具やベンチ等、多様な造形へと展開できる特質をもつ。また有機素材由来であるため、廃棄したのちは完全に大地に還る。極めて魅力的でそのポテンシャルも高い。ただ、ブロックという建築構法の1画を担う要素であるため、本来は施工を見据えたブロック単位の最適形状のより厳密な追及、地震だけでなく風雨等の気象に対する耐候性の多面的な検討、ブロック屏と比較した際に、光や風をどう通すかなど、より具体的かつ詳細な検証が必要不可欠になる。そういった視点では満足いくものにまで至っているわけではないし、課題もまだまだ多いように思う。しかしながら、この発想を起点とした、これからの展開には大きな期待を寄せることができる、魅力的な提案である。

（渡辺菊眞）

2-1 コンクリートブロックの塀からキノコブロックの塀へ

子供たちの新たな遊び場
校舎計画

2-2 素材の変化が生み出す違い

人・環境への影響

キノコ建材のサイクル

まちいえ暮らし
－認知症から再編する木密地域－

橋口真緒　　　　岡野麦穂
青木蓮
東京理科大学

佳作

CONCEPT

認知症人口が600万人以上となる現在、彼らを疎外しない都市環境のあり方を考え直す必要があるのではないか。認知症の人に大切な、地域コミュニティ、歩くこと、五感を刺激することの観点から、まちを一つの家とするまちいえを提案する。まちいえでは機能を取り除いた個家とキッチンの家やお風呂の家などの道と一体となった共有の生活空間が、木密住居や地形と絡みながら連続する。家を一歩出たらまちいえ家族との空間が広がる。

支部講評

認知症になる。勝手に外に出てはいけない、いろんなことを覚えていることができない。「自由」が極端に減ってしまった世界で、どうしたら豊かに生きていくことができるだろうかという問いに、建築から向き合った提案。
コミュニティの個人が把握できる街区単位の集合住宅に、相互に見守りケアしあう関係をつくろうとしている。外でも中でもない、広場のような環境が、ずるずるとつながっていく。勝手に外に出ていっても、この場所なら誰かが気にかけてくれるという絶妙な関係性のスケールをつくっている。
関係性の織物のような構成の都市空間のような建築から、都市空間でのケアを捉えなおす、あたらしい福祉建築の提案。
（冨永美保）

認知症から都市環境を再考する

日本の認知症発症者は600万人以上まで増加している。しかし現在の都市においては家から出る認知症患者があまり出歩けないため、開発や住宅エリアといった都市にも長く住み慣れた場所に住めず、かつ認知症の認知を出さないため、事故などに関わらないよう、社会から隔離される傾向に閉じ込められる。

しかし、外に出て他の人に出会ったり、社会と関わりを交換したり、変化と関わることによって五感に働く感覚が生まれることは認知症の人にとって大切なことである。

本提案では、五感で地域の変化を抽出し、認知症の人にとっても大切な三つの要素を捉えやすくする、地域コミュニティーの在り方を捉える。

木密地域新大塚

対象地域も新大塚は高齢者及び、認知症患者が多い木密地域である。災害の恐れから、開発対象エリアである木密地域は住人より、開発や震災、他の場所に退居せざるを得ない、高齢者の人々にとって、長年住み慣れた地域に居続けられることは容易でない。その親しみのある郷土に今回の提案は必要があるのではないだろうか。

まちもーつのまちいえ

私たちは、まち全体が一つの家のようにつくられるように「まちいえ」を提案する。まちいえでは住宅が江戸っ子と各機能を持つまちより（提案）、分化させることで、住人はキッチンへ、今まで外部の家などと各機能を持つ家をまとめるような生活する。

また、今まで、動線インフラとしての機能をまとめることで、道一体となった生活空間の木密住宅が地形と絡み、連続している。そこにいろんな関係性は他者からまちいえ家族なら、全ての人を巻き込んだ地域コミュニティが形成される。

まちいえレシピ

木密地域ならではの個室家間の断離や、地形を生かすことで、大小様々なスケールの場や、音の明暗して聞こえる場所など、五感に訴えかける様々な場所が形成されている。そういった個性を持った内部空間によって、認知症患者は自身の居場所をも認識する。

AA断面図

右側評:

最小限の建築的介入によって、木密の住宅地を街区ごと大きな建築に変えてしまう、「まちいえ」と名付けられたインティメートな都市環境をつくる提案である。直接的には、認知症をわずらう高齢者が、閉ざされた施設に入ることなく、喜びのある日常を安全な環境で過ごし続けることができるように構想されている。作者たちによれば、このまちいえの構想は、認知症の身近な家族をもつ経験から、素直に立ち上がってきたものだという。確かに、出来事が生起したすぐ後に記憶から失われる靄のような認識の中であっても、まちいえに守られ、変化ある出来事の連鎖の中をさまようことができるとしたら、そこはかとない幸せを感じられるかもしれない。大きな内部だからこそ可能な、この幸福な靄のような状況に漂うフィクショナリティーは、詩的な美しさすら感じさせる。とはいえこのフィクショナルな感じは、ポジティブにばかりは捉えられない。認知症の人々にとっての他者、この靄のような劇場の登場人物たちにとって、どのようにこのまちいえが、継続的に過ごすことのできる状況たり得ているか、多面的な成り立ちが読み取りづらかったからである。審査の最終段階で得票数が伸びなかったのは、恐らくそういうことが関係している。

とはいえ、筆者が最後までこの案に票を入れたのは、上記のような問題点を感じつつも、ここに現れた多様な内部的環境が、多くの人を惹きつける未来性をもっており、穏やかだが人間のプリミティブな側面を呼び覚ます魅力があると感じたからである。

（平田晃久）

佳作

都市となれ、大地となれ

福田凱乃祐　　　飯田竜太朗　　　舘柳光佑
青木健祐　　　　石原大雅

信州大学

CONCEPT

都市の大半は拡大のフェーズを終え、縮小の一途を辿っている。現れる「死んだ余白」は取り残されたままでいる。浄水場という施設もまた水需要の低下とともにダウンサイジングや統廃合が進められ、多くの死んだ余白を施設内外に生み出し続けている。そのような未来を描きながらも余白を生き返らせることは可能だろうか。枯れかけた都市部に水が流れるとき、都市は新たな環境を手に入れ、余白は息を吹き返す。

支部講評

この提案は、人口減少により使われなくなった都市の余白スペースに、ダウンサイジングした上水施設と住宅・店舗と農地・庭を組み合わせることで、舗装で覆われていた敷地を水の循環システムを有する大地へと還元するものである。地表に現れる濾過槽は点在する建物の関係を取りもつように配置され、高所の濾過槽からオーバーフローした水は水路を介して低所の濾過槽へと流れ込むことで水脈を形成し、それらは農地の灌漑として利用されるだけでなく、親水スペースとして日常の生活に潤いを与えている。自然と建築が混在一体となりながら身の丈に合った持続可能な環境へと段階的に変換する様が描かれている点が高く評価された。

（横山天心）

都市となれ、大地となれ

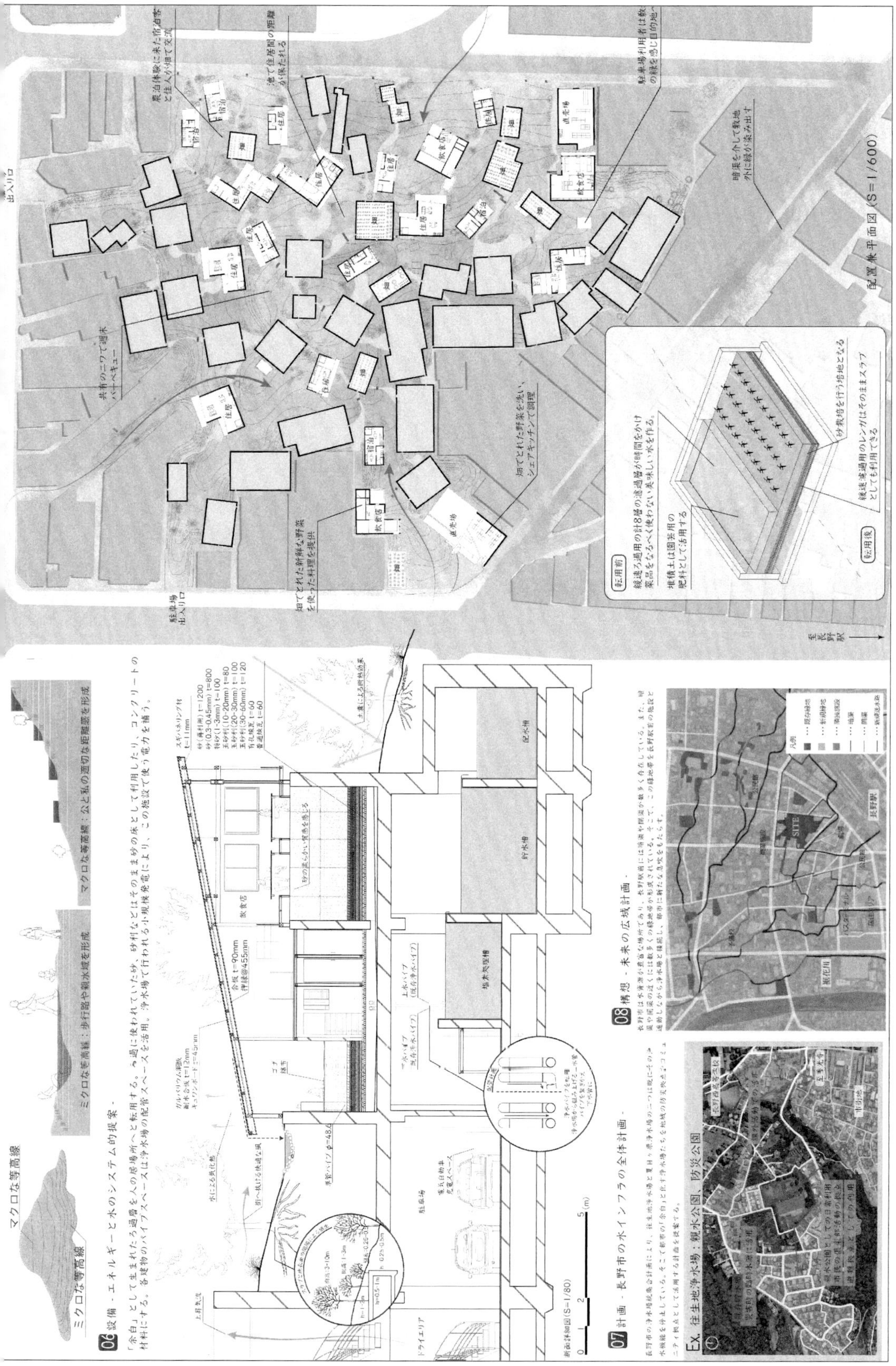

まちなかの空地に新たなタイプの浄水場をつくるプロジェクトである。水道インフラの老朽化に対応しまちなかに小型浄水場を分散配置する、浄水場のインフラを人間が近づけるようにする、浄水場の需要の減少に応じて徐々に機能転換する、と細かな論理を積み上げた結果、巨大な費用を掛けて人工の地形を作った挙句に浄水場機能も見えなくなり「理路整然と間違って」いるようにも見えた。もう少しユーモアやアイロニーが感じられれば別の評価があったかもしれない。

（藤村龍至）

配置兼平面図（S=1/600）

転用前
転用後

ミクロな鳥瞰線

06 設備 - エネルギーと水のシステム的提案 -

07 計画 - 長野市の水インフラの全体計画 -

断面詳細図（S=1/80）

0　1　2　　　5（m）

Ex. 住宅地/浄水場：親水公園、防災公園

08 構想 - 未来の広域計画 -

三木里柔靭化計画
〜災間を生きる靭やかな知恵〜

タジマ奨励賞

青山紗也　　　　妙見星菜
橋場文香　　　　内田澪生
愛知工業大学

CONCEPT

尾鷲市三木甲町は，幾度もの津波による被害を乗り越えてきた集落である。しかし、近年は暮らしやすさを求め、生活の中心が山沿いから海沿いへと移り変わってきた。住民が災間を生きていることを忘れつつある今、私たちが提案すべき環境は日常だけでなく非日常となる災害時にもあるのではないか。建築を通して双方の課題を解決する提案を行うことで、国土強靭化の代替案として「災間を生きる柔軟でしなやかな集落」の実現を目指す。

支部講評

海際の暮らしは気持ちよさと怖さがある。津波などの災害直後は怖さの優先された計画が共感を勝ち取り、時間が過ぎるとまた海の気持ちよさに引き戻される。その動きのある私たちの気持ちをそのままを受け容れようとした提案だ。低地では空き家を減築しながら災害時の避難路を確保し、高台ではその廃材を活用しながら活動場や住居を整備していく。そして、それらが循環しながら一つ崖地を含んだ地域の日常と非日常を描くヴィジョンは的確だ。結果的に高台での提案が大きく、「やや高台移転」となっているが、緻密な調査から検討された彼らの提案は二者択一ではない第三の選択肢になり得ないだろうか。

（白川在）

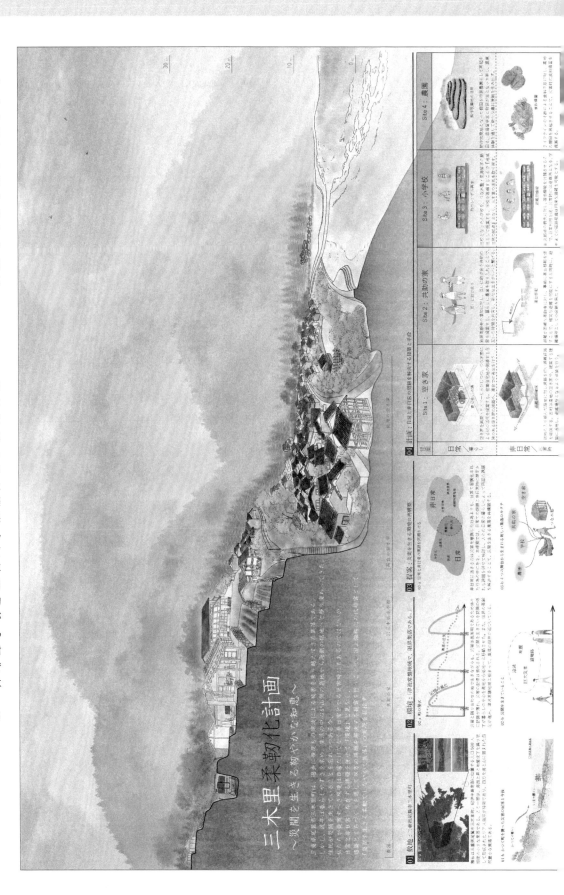

日常と非日常に存在する課題「津波常襲地域で、限界集落である」ことを併せて「環境」と見なし、古材を活用した『つな木塾』の介入と人々の日常の暮らしによって両面の課題を解決することで、災間を生きる集落を再構築する提案。

「非日常に活きるのは災害を意識した行為よりも、日常で習慣化された行為の中にある。」提案の中に通底するこの言葉によって、新たな暮らしと建築が形づくられる。計画では、日常の暮らしの中にある問題を解決するための操作や建築行為が、非日常の災害時の備えにもなっており、そこに介入するための『つな木塾』の手段が描かれている。

耕作放棄地を活用して計画された「共助の家」では、棚田のレベル差・石積みの特徴を生かしながら、気持ちのよい新しい農村景観が表現されており、とても好感を抱いた。

建築的な目新しさはあまり感じられないものの、廃校の小学校が日頃から利用する町民の活動拠点となり、非日常時には防災拠点としても機能することも、素直でとてもよい提案である。

一方で、2つの建築各々の説明は充実しているものの、それらと『つな木塾』の介入によって、避難が困難な低地のエリアの姿はどう変わり、どのように集落の景観・生活の場の一部として位置付けられていく,のだろうか? その姿があまり表現されていないことに少し物足りなさも感じてしまった。

（石塚和彦）

タジマ奨励賞

廻る麻畑
－100日で変化する風景－

紺野貴心　　　　　中西祥太　　　　　　　渡辺レイジ
杉浦康晟　　　　　髙木智織
愛知淑徳大学

CONCEPT

麻は古くより衣食住あらゆる場面で日本人の生活を支えてきた。しかし、戦後 GHQ の施策やベトナム戦争での大麻乱用の横行によってイメージは悪化。4万人いた麻農家は現在 30 人にまで減少してしまった。本設計では麻のもつ能力を最大限に生かした衣食住を「まかなう」コミュニティと、100日で育つ麻の成長サイクルとともに変化する風景をつくり出す建築を目指す。

支部講評

麻のもつ能力を地域産業に掛けあわせることで、変化し続ける風景を立ち上げようとする提案。

多量の化学肥料で栽培する小麦畑は土壌汚染を引き起こしているが、この状況を麻の浄化作用を利用し、生態系を取り戻すことから計画は始まる。自然環境を置き去りにした提案が多い中、素晴らしい着眼点である。栽培された麻は近隣の地域産業と連携し、この地で「衣食住」へ変換される場として建築化され、人と麻と生産されたものが循環し続ける点も魅力的である。またヘンプコンクリートによる新しい建築が立ち上がることも起きるであろうし、周辺の小麦畑も麻による浄化を進めていくことが想像できる。

人がつくり出した社会環境と麻がつくり出す自然環境が融合した新しい環境に期待したい。

（西口賢）

廻る麻畑
－100日で変化する風景－

01. 高山のまち

02. 環境をととのえる

03. 麻で「まかなう」衣食住

衣：麻の幹から、まらかい繊維は衣服に用いる。麻の繊維は手作業で取り出すため、大規模な機械を必要とせず、作業場は地域内に点在し、住人の手仕事と共同の作業事業となる。麻の繊維を織り込んだ衣類製品を出荷してもらう。

食：麻の実を中心に、実肉で採れる米や麦を食材として、パン等の食品をつくることができる。「麻子麻人」には麻の実を取り入れたメニューを出品して

住：麻の幹のうち、固い繊維はヘンプコンクリートとして住宅の構造に用いる。ヘンプコンクリートは高い断熱性に加え、変形の自由度も高い素材である。「住戸棟」には、ヘンプコンクリートを使用した住宅でのモデルを出展してもらう。

04. 休耕地では「麻市」を

麻を刈り取ってからおよそ 100 日間は休耕地になる。「麻市」のでは休耕期の風景を地域住民に対して開放し、などで採れた農製品を販売する。

05. 「まわるはたけ」

06. 100日ごと「よびこむ」

07. ヘンプコンクリートを使用した建物

08. ヘンプコンクリートの性質

愛知県豊橋市の石灰鉱山麓の農地に計画された麻畑を中心とするコミュニティである。かつて日本の衣食住を支え続けた存在であるにも関わらず、現在馴染みの薄いものとなってしまった麻に着目し、その多彩な特質をフル活用した環境形成を図っている。空間計画としては、ほぼ正方形に近い矩形の全体を、モンドリアンを思わせる直交座標にのっとったコンポジションで形成する。ここに麻畑を中心に、麻の特質にちなんだ諸空間が配される。建造物は背後の鉱山で産出される石灰と麻を材料とするヘンプクリートという新素材で構築される。特筆すべきは麻が100日で育つという生育サイクルによって、100日で麻畑が敷地内隣接農地に移動し、ほぼ1季節ごとにその位置と風景を変えることである。風景の変化と共に農地を変えることで単作による土壌が貧困になることも防いでいる。20世紀美学の代表ともいえるグリッドコンポジションに四季で廻るという緑の変化する風景を生み出したこと、麻と石灰によるヘンプクリートという21世紀の素材を具体的に提示して建築すること、麻という日本の古代から衣食住を支えた存在をこの地に結びつけて環境改善を図ること、その有機的な統合が魅力ある未来の環境を形成している。現時点での計画では限定された敷地のみで提案されているが、このコミュニティが今後、どのような形をとりながら拡張変化するかについても、描かれていたなら、とも、思う。

（渡辺菊眞）

平面図 S=1:200

平面図 S=1:400

10.「たすけあう」向かい合う四角形

11.「つむぎだす」作業場

12.「ましかく」であつまる・にぎわう

平面図 S=1:400

13.「ほぜこむ」すまいをつくる工場

平面図 S=1:800

平面図 S=1:800

N

配置図 S=1:1000

燐火ゆらめく 村のおもかげ
－光による苫田ダム湖底ヘドロ浄化の提案－

谷卓思　　　　塚村遼也
広島大学

CONCEPT

建築は物質として環境の中に存在する。それはこれまで見えていたものを見えなくする。そして大切な何かを忘れさせる。敷地は岡山県苫田郡鏡野町にある苫田ダム。ここはかつて 6,000 人もの人が暮らす村が広がっていた。しかし 1957 年の苫田ダム構想で水に沈むこととなる。このダムは今、湖底の堆砂・ヘドロ化の問題を抱える。提案する新素材により、ヘドロ浄化とともに忘れられた水没村のおもかげを呼び起こす。

支部講評

ヘドロの堆積したダム湖底に「蓄光素材」「光硬化樹脂」「処分される海苔網」の3つの材料＝「光の雫」で光を届ける計画である。光が届けば沈水植物の光合成が進み、湖底の生態系が活性化されることで湖が浄化されていく。さらにダムに沈んだ以前の集落と光の雫を結びつけることで湖面に時の記憶を浮かび上がらせる。ともするとイメージやコンセプトが先行しがちな内容だが数量的な計算、実現のための運用方法、そしてスケールの問題は別としても化学的な実証実験などその緻密さとリアリティーには十分な説得力を感じさせる。通常の建築が考える空間ではないかもしれないがそれだけに新鮮さを感じる提案である。

（原浩二）

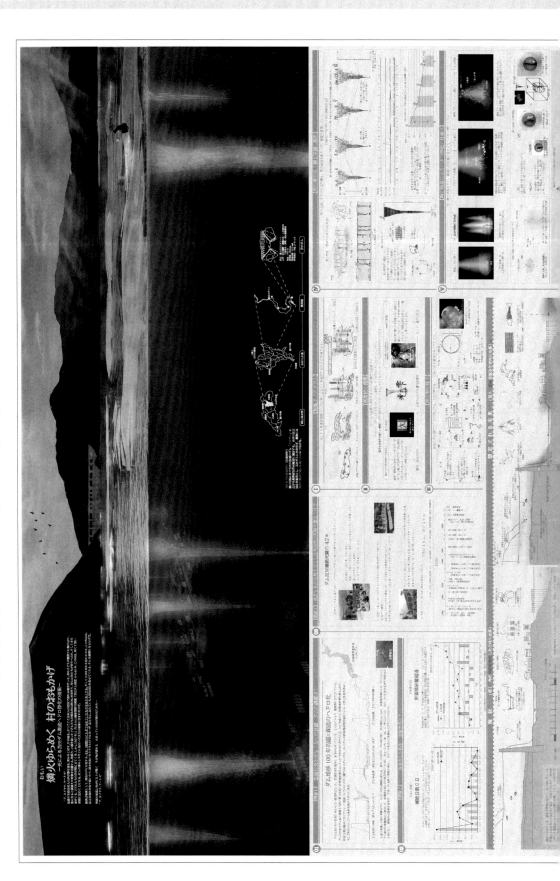

「燐火ゆらめく 村のおもかげ」は
かつて村だったダム湖をテーマと
している。ダム湖の水質改善の
提案だが、湖面から暗い湖底に向
かって大きなツララのように垂れ
下がる幻想的な光の柱が印象的
な作品である。

光の雫と名されたこのツララは畜
光性の光硬化樹脂を生分解繊維
のネットに流し入れることで形成さ
れており、太陽光をダム底に導入
する役割を担っている。それによっ
て微生物が活性化しダム湖底のヘ
ドロが長い時間をかけて分解され
る、という提案である。

よく見ると湖底にはかつての村の
家々が暗く描かれており、これは
光の雫を通じて湖の底に弱い光が
届いたことで微かに見えるように
なったものだということがわかる。

光の雫は二つのものにその微か
な光を届ける。一つは水中の微
生物、もう一つはかつてそこにあっ
た村だ。水質改善という環境的な
題目の底に、ダムに沈んだ村の、
そこにあったはずの歴史や生活の
供養という大きなテーマが流れて
いる。

環境へのアプローチとしては今回
いくつかあった「微生物系」の一
つだが、環境保全という社会に受
け入れられやすい枠組みを用いな
がら人間の所業を深く問いかける
視点が示されていることと、技術
面においてはアイデアに終わらせ
ずに実験を繰り返し実現性にこだ
わっている点に感銘を受けた。

微生物の培養、樹脂の水中流入
など、懸念されそうなポイントで
は必ず実験を行ったことが示され
ており、絵空事では終わらせない
という作者の強い意志を感じる。

環境保全をテーマにしたものの
中には、それを社会善として明る
く描く作品も多かったが、それら
とは真逆の美しくも暗い終末的と
いってもよいイメージを描くこと
で、より深く大きな問いを示した
秀作であると思う。

（吉村真基）

タジマ奨励賞

海洋ごみをリサイクル、そして建築へ

仲澤和希　　　　奥村碩人
佐藤航太　　　　玉木芹奈

日本大学

CONCEPT

対馬は海洋ゴミが最も多く漂着する。

この環境問題の解決には、回収だけではなく啓発していかなければ終わりは来ないと考えた。そこで私たちは、建物から商品、アートまですべて海洋ゴミのリサイクルからできた浮体美術館を提案する。回収した海洋ゴミから建物、商品を作り、リサイクルしきれなかったゴミはアートにする。アートが増えていくことで多くの人々がこの問題を知ることになるだろう。

支部講評

海流によって日本一海洋ごみが流れ着く対馬市を敷地とし、蓄積されるゴミをアートとして活用するプログラムをもち込むことで文化的価値を創出する提案。ゴミ（資源）をアップサイクルさせる仕組みを用いて時間経過に伴い増殖し続ける建築のイメージはある種異様であり、確かなユートピアを想起させてくれる。一方、浮体美術館を実現させるための仕組みが全体のストーリー構築に比べて説明が少なく、あまり検討されていない印象を抱かせる。ゴミが建築化して海辺の風景を一変させるという大胆な夢に対し、現実から飛躍するためのステップがもっと立体化・造形化のプロセスに反映されていくと、圧倒的な共感を得られたかもしれない。

（山田浩史）

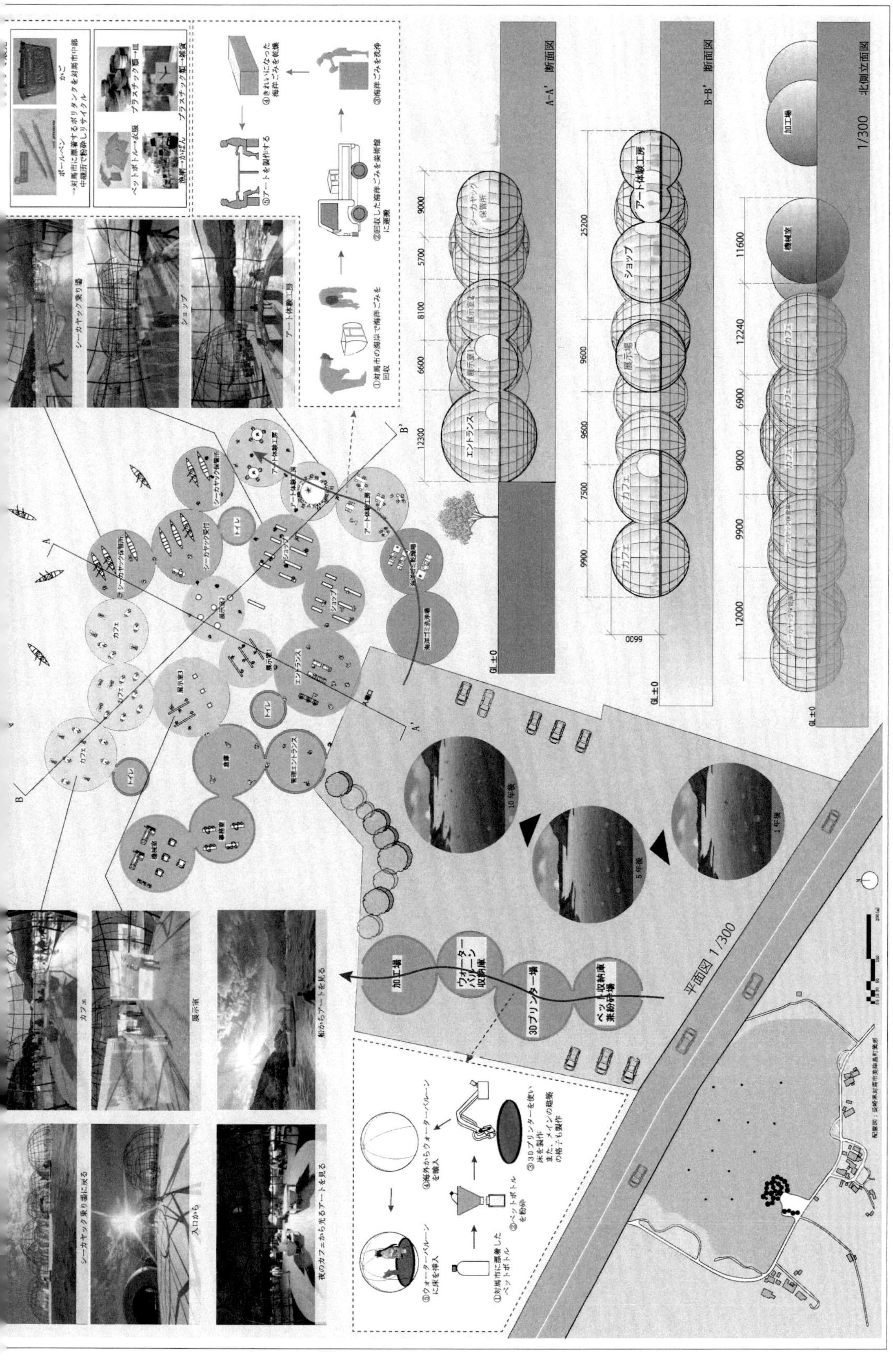

タイトルの通り海洋プラスチックごみをリサイクルして「浮体美術館」なる建築をつくるというプロジェクトである。対馬などへ中国方面から海流に乗って大量のごみが日本の海岸線にたどり着くと度々報道されているが、そのような局所的な課題をユーモアを感じるほどにストレートに建築に置き換え解決に導こうとする姿勢には共感した。建築のイメージが球形の「かた」に閉じているように見えたのがやや惜しかった。

（藤村龍至）

A-A' 断面図

B-B' 断面図

北側立面図 1/300

平面図 1/300

タジマ奨励賞

すきまち

古川詩織　　　　木村琉星
城戸佳奈美
福岡大学

CONCEPT

福岡県久留米市の中心部にポツンと佇む寺町。この特別な地に縁側と梵鐘建築を用いた居場所と過ごし方の提案を行う。現在は宗教的な役割が主となっているお寺だが、昔は人と人とのつながりを作り安らぎを与える役割を持っていた。従来の塀を縁側に置き換えることで「寺とまち」・「まちと人」をつないでいく。そしてさまざまな境界をほどき隙間を紡いでできたまちに住民たちが愛着を持って暮らしていくことを期待する。

支部講評

地方都市の中心部の寺町で、視点場となる櫓のような梵鐘建築と、コミュニケーションを仲介する縁側建築により、新しいつながりやアクティビティを創出しようという提案である。特に縁側は、従来の寺の塀である「境界」を、屋根付きの縁側という人と人をつなぐ場に置き換えるというもので、意味が反転しており、実現したらと考えるととても興味深い。実際の場所に提案しているので眺める場の魅力の掘り起こしや、提案によって回遊する人が増えることによる人の動線（とその動線＝人を視るという行為）の提案もあるとさらによかった。形態についても比較的単調で、もう少し検討の余地がある。

（安武敦子）

全国講評

排他的な環境を生み出している寺町に特徴的な塀を、いくつもの縁側に置き換えることで「寺とまち」・「まちと人」をつないでいく提案。強い境界線として可視化された塀に対して、縁側が緩やかで曖昧な境界を生み出し、人々の行動範囲をふやし安らぎや新たな居場所をつくり出す。縁側の細やかな形態操作によって、居心地のよい優しい空間が表現されている。とはいうものの、寺町全体にランダムに分散配置された縁側は少し散漫な印象でもあり、空間の新しいあり様を生み出しているようには見えない。なぜだろう？

連続する直線的な塀で、道と境内が強く秩序付けられていた空間に対して、いくつかの種類が用意された縁側はとてもやさしく、曖昧な境界や空間のムラを生み出すにはささやか過ぎたのかもしれない。強い境界を生み出す塀も含めてもう少し境界らしい連続性が残され、併せて縁側を使った新たな境界を生み出す意思が示されてもよかったのではないだろうか。

排他的な環境であるとしても、現存する塀・寺院・森には、人の居場所や、それを生み出すきっかけとなる設えや環境が元々たくさんあるはずだ。それらを探し見出すことで、塀と置き換えられる縁側との関係性が見えてくる。また、人々を寺町に引き込む集会所は規模も大きく、縁側を分散配置する操作とは異なり、少し唐突な印象も受けた。梵鐘建築がその役割も十分担えたのではないだろうか。

（石塚和彦）

支部入選作品・講評

陸屋根下の環境

岩澤浩一
半田晃平

北海道科学大学

CONCEPT

北海道の自然環境における屋根は、雪を如何に制御するかという試行錯誤のなか、三角屋根、異形屋根、そして陸屋根と変遷し現在に至る。陸屋根と高気密高断熱の壁による箱型の住宅は、自然環境からの独立性を確保した反面、屋根下に生まれる豊かな空間体験を失ってきたように感じる。本提案では陸屋根と壁をハイサイドライトで切り離し、入れ子状の個室の屋根と陸屋根の間に自然光が反射・混交する陸屋根下の環境の構築を試みる。

支部講評

一辺が11mの四角形の陸屋根の下に明るく広々とした空間をつくり出し、その中に小屋のような4つの個室と小さな中庭を分散配置する提案である。内部空間は、ほどよい直接光と間接光で満たされた気持ちのよい空間になるであろう。北海道の冬をイメージすると、大きな屋根がつくるおおらかな空間の豊かさを取り戻そうとするテーマに対して十分な解答を提示している。

一方で、冬以外に気持ちのよい外部環境がある北海道において、建物四周に残された奥行き3メートルほどの外部との関係について語られていないのは残念である。建物を建てない選択をした場所にも何らかの解答を示すべきである。各個室の居心地、特に通風についても疑問が残る。
（久野浩志）

SECTION PERS

SITE PLAN 1/600

A-A SECTION 1/100

B-B SECTION 1/100

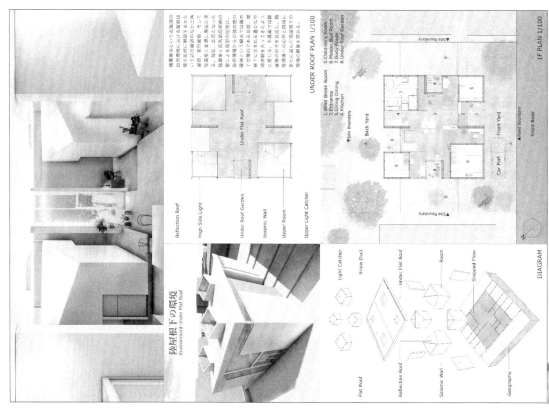

陸屋根下の環境
Environment Under Flat Roof

UNDER ROOF PLAN 1/100

1F PLAN 1/100

Reflection Roof
High Side Light
Under Roof Garden
Seismic Wall
Upper Room
Upper Light Catcher

1.Wind Break Room　5.Children's Room
2.Entrance　6.Master Bed Room
3.Living Dining　7.Body Room
4.Kitchen　8.Under Roof Garden

Light Catcher
Snow Duct
Under Flat Roof
Room
Stepped Floor

Flat Roof
Reflection Roof
Seismic Wall
Geography

DIAGRAM

Skyscope
－空と凹凸－

相馬功希

札幌市立大学

CONCEPT

空は建築がたつどんな場所にも存在する。「建築が空をどう穿つか」は、パンテオンの時代から単にそれが良いという普遍的な議論である。建築の凹凸は「地」である空に「図」をつくる。空と凹凸は創造的な関係にある。建築の中心を穿つ煙突のようなスコープと、螺旋状に巻きつく無落雪屋根の箱形は、空を背景に方向性を定めない多様な凸をつくる。凹となるスコープの内側は、周辺環境から距離をとり、少し離れた空を取り込む。

支部講評

空を穿つ煙突のような「スコープ」を中心に、生活を内包する箱が、屋内外を横断しながら二重螺旋状に巻き付いた住宅。

空という大きな「地」に建築の凹凸が「図」を描く時、それらは創造的関係にあると設計者はいう。凹凸の一部を成すスコープの内側は、空と地面を強く関係付ける環境装置として機能しているが、提案された建築においてそれを体験できる場は限られている。見えないがゆえの意識の拡張によって、作者は人と住まいの間にも創造的関係を生み出そうとしているのだろうか。

課題を壮大に捉え、建築の内部にまで思いが至っていない提案が多い中で、謎掛けのような空間構成をもつ小住宅が、不思議な魅力を放っていた。

（赤坂真一郎）

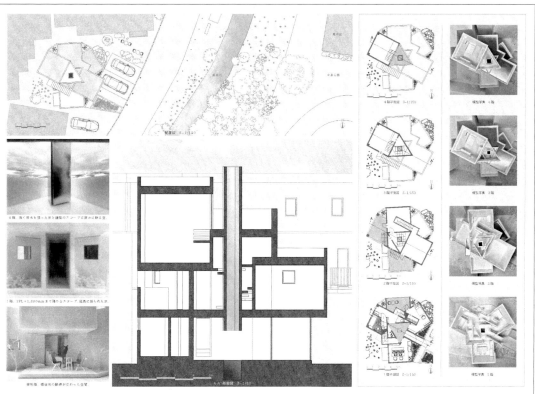

支部入選

北ノ旅人
ー新たな環境と出会う廃線を用いた 移動式住居の提案ー

太田優人　　　安藤大翔

日本大学

CONCEPT

今を生きる私たちは、日々変わりゆく環境に生きている。コロナ禍を経て、私たちを取り巻く環境は大きく変化した。リモート環境の構築により、生活スタイルや価値観の多様化が進み、より自由な生き方が生まれた。ムービルは移動することで新たな環境と出会い、廃線沿線部の生活環境の再活性化・向上に貢献すると同時に、環境が急速に変化する時代に順応した新たなライフスタイルを構築できる建築となる。

支部講評

『環境と建築』にむけて「移動式住居」で応えている。移動を叶えるのは北海道内で避けられず連続してしまっている「廃線」である。鉄道に宿る物語、道北の風景に佇む生活、移動によって生まれるであろう出会いを美しく完成度の高いドローイングで表現している。移動しながら住むこと、これは理想形のひとつでありながら相容れない形式でもある。提案はこの形式をポジティブに転換し、環境を求め、選び、運ぶなどのキーワードについてユニット設計を伴い可視化している。魅力的な図面だけに市街地での暮らし、運用方法などにも興味が沸いた。自らの部屋が広大な風景へ流れ入る瞬間は想像を超えたものであろう。

（山田良）

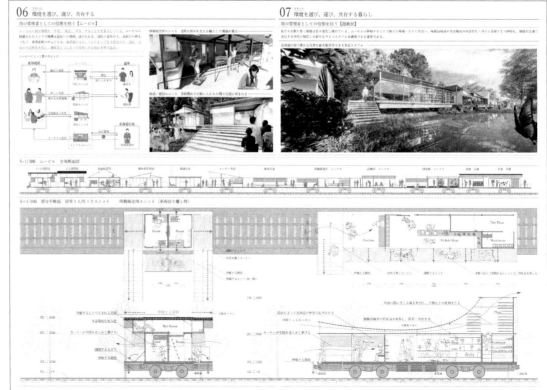

46

ウママチ
－馬家族による連関的総体の創造－

袋谷拓央　　　　亀山拓海　　　　中島聖弥
平尾綱基　　　　林晃希　　　　　瀧川桜

大阪工業大学

CONCEPT

本提案における「環境」とは岩手県遠野市を取り巻く生活状況、つまり「労働」「教育」「福祉」と、それに付随する施設、さらにはその周辺にいる生態系などの自然環境を含めた「連関的総体」を指す。かつて馬とともに暮らしていたこの地域で、「馬とともに日常を営む集団」を「馬家族」と定義し、「馬」との暮らしによる連鎖によって、個々の役割を固定せず、地域全体で補い合う「持続的な地域環境の創出」を目指す。

支部講評

自然生態系の諸相を想起しやすい課題であるが、家畜を超えた共生動物に着眼した本作には強い存在感がある。馬家族とその地域組織は、多彩な馬との暮らしを通して人間と環境、そして人間同士の関係性を再構築していく。岩手は馬産で有名だが、遠野を選んだ点は魅力的であり、連関世界の表現も巧みである。ただ精読すると、馬との共生の直接目的は何か、馬耕・馬搬などが農山村の複合的な生業とどう連携するのか、地場の現況（具体的環境条件）など、漠然とした点も残る。それでもなお、環境創造に際して人間の都合だけを考えず、他の動植物とどう暮らすことができるか、概念拡張の必要を問いかけた点は意義深い。

（大沼正寛）

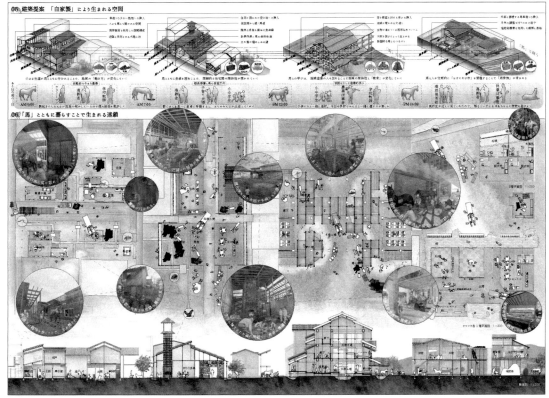

双葉納繕祭

駒村温人　　　　益田大地
笠原彰悟

CONCEPT

かつて福島県双葉町には豊かな田園風景が広がり、農業を生業とする人々が暮らしていた。しかし、2011年3月11日、東日本大震災に伴う原子力発電所事故によって、「虚無の環境」と化してしまった。果たして、この環境に人々の還る「ふるさと」は再生できるのか。私たちは、江戸期から町に根付く祭文化を踏襲し、双葉町の「ふるさと」を再生するための「双葉納繕祭」と拠り所となる建築を提案する。

支部講評

東日本大震災からの復興の過程において地域共同体の再生に神楽などの民俗芸能や祭りが寄与した事例は多数報告されている。本提案はそうした地域の再生を伝統的な祭りとそれに関連する構造物に託したものである。かつての地域住民の記憶を縫いながら新たな神輿形態の提案と拠り所となる建築およびリノベーションがヒューマンスケールで祭りのプログラムと統合されていることが評価された。一方で、原発事故による被災地を「虚無の環境」と断じる姿勢には疑問が残るが、僅かな環境の手がかりをもとに地域再生の道筋を示した構想提案力が共感を呼んだ。

（佐藤芳治）

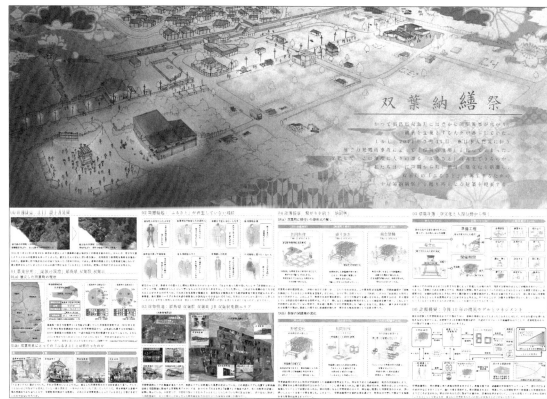

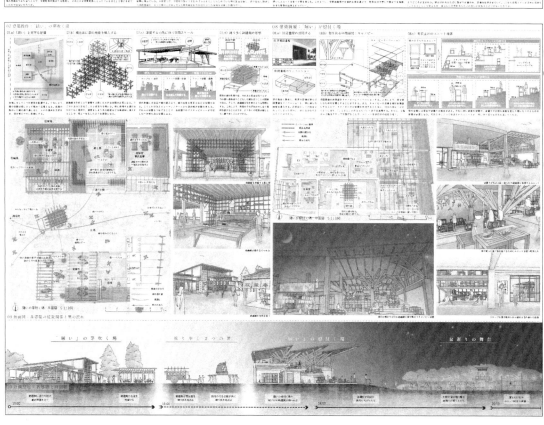

支部入選

贖罪
～負の遺産を還す～

荒木陽哉　　　黒坂龍乃介
山口直也

日本大学

CONCEPT

世界有数の森林面積を持つ日本は昔から森林とともに生きてきた。しかし、高度経済成長期を境に全国で森林が伐採され人工林が植えられた。その後人工林は放置され周辺環境に悪影響を及ぼしている。

本計画は放置林を伐採し天然林を育成する。天然林を育成する間伐採した人工林を活用して柵を建てる。長い時間をかけて天然林育成して樹立するときは人工の境界線から天然の境界線へと変化する。柵は天然林を見守りながら土に還る。

支部講評

この計画は放置された人工林を天然林に戻すことで、鳥獣被害を減らし人々が自然と共に生きる町のあり方を提案したものである。本計画は「人工林を天然林に還す」、「耕作地と森林の境界には数十キロの木柵を設置する」といった時間的、空間的スケールの大きさが評価された。ただし、足湯やバードウォッチング、資料館といった森林との接点や、天然林を人工的につくり出すことが人と自然の共存を可能にするといった理論的な短絡さは、山と生活を共にしてきた地域への提案としては違和感も覚える。それでもなお、地域の社会問題にたいして、大上段にかまえ、解決策を求める姿勢は示唆にとんでいる。

（安田直民）

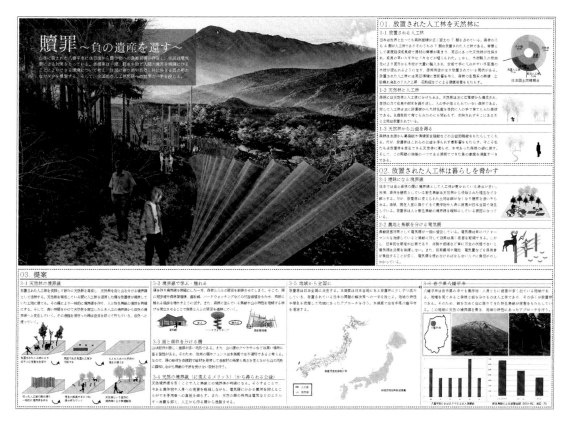

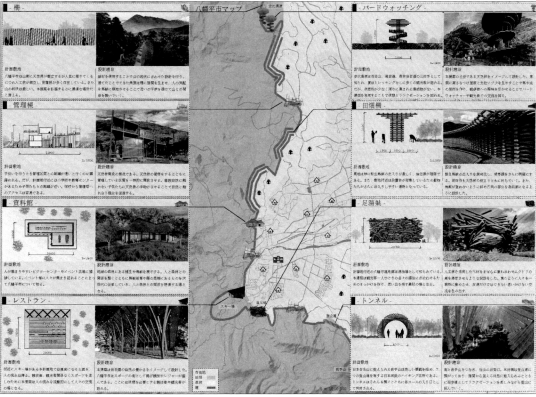

擁壁と共創する生活景
−まちの未利用地は関わりしろへ−

関川吹雪　　　　篠原洸太
兼田聖人　　　　濱大智
神奈川大学

CONCEPT

擁壁は斜面があるまちの重要な環境である。

しかし擁壁はまちに暗く圧迫感を与え、まちの壁として境界をつくりだしている。

そこで私たちは擁壁を立体的な未利用地と捉え、擁壁が"人と人"を繋ぐまちの"関わりしろ"となることを提案する。擁壁が関わりしろとなることで、人と擁壁が一緒にまちの新たな生活景を創り出す。私たちにとって、擁壁に護られるだけでなく共に生きていく環境となる。

支部講評

石積みの山留めとは異なり、急速な宅地造成によってつくられたコンクリートの擁壁は、どこか人を寄せ付けないスケール感を纏ってしまう。しかしながら土木構築物は自然環境との重要な「接点」であり、もっと身体スケールにまで分解された、「スモール・インフラ」になれば、自然環境と私たちの生活を結び付ける重要なインターフェースになるはずだ。

「擁壁に可能性を与える手法」として、階段、分解、掘削などを用いており、既存の擁壁に減算的手法を用いるのは容易ではないなと思う一方で、これらは新規に造られる擁壁に向けた新しい提案や、示唆を与えるアイデアになり得るのではないかと感じた。既存の擁壁を「使い倒す」ことよりも、力学的な条件をクリアしながら、ちいさく分解していくことに徹底しても面白かったかもしれない。

（針谷將史）

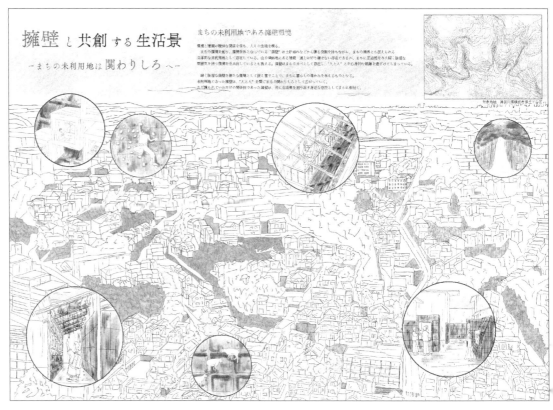

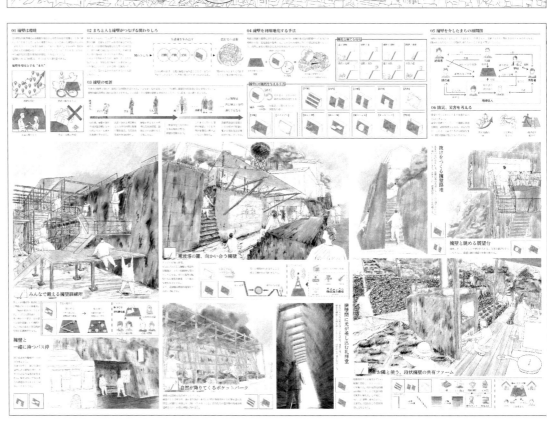

点、線、面。
～景勝地 "八景" とサイクルロードによる
地域拠点の創出～

田村哲也　　　矢﨑健太　　　中野太耀

東海大学

CONCEPT

環境とは、その土地の持つ「自然性」と過去から現代に紡いできた「歴史性」を発揮できる「場の持つポテンシャル」と捉えた。敷地の金沢八景は海と山に囲まれ、かつて景勝地として栄えたが、失われた30年という事業の難航により人々の流出が課題となっている。私たちは歌川広重が描いた金沢八景を敷地として着目し、自然性と歴史性に建築を組み込むことで八景の持つ場のポテンシャルを最大限に生かした人々が集う憩いの場を創出する。

支部講評

かつて風光明媚な自然を有していた景観とその歴史に対して建築で何ができるか。

歌川広重が金沢八景として描いた8か所の景勝地にサイクルポートを設置、それらをサイクルロードで巡ることで、広重の描いた風景の記憶を喚起・継承させる場として再生し、多様な人が集う、にぎわいと地域拠点の創出を目指した提案である。各サイクルポートは、金沢八景に共通する山々の連なりや海のさざ波を表現した折り紙状屋根でデザインの統一化を図り、ピクチャーウィンドウ、平・断面による建築的操作などで現在の風景のノイズを巧みに切り取り、広重の描いた風景の一部を蘇らせる修景装置として丁寧に良く考えられている。各ポートの名称は京極高門の和歌になるに違いない。

（竹内雅彦）

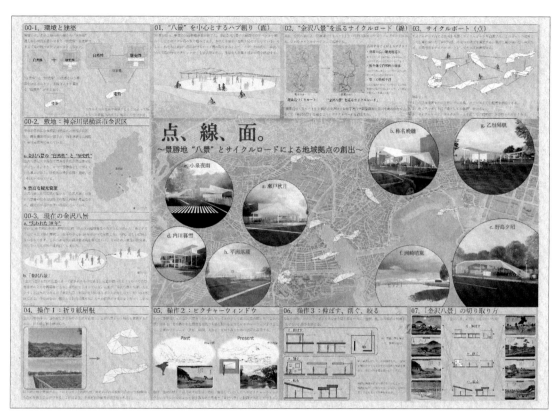

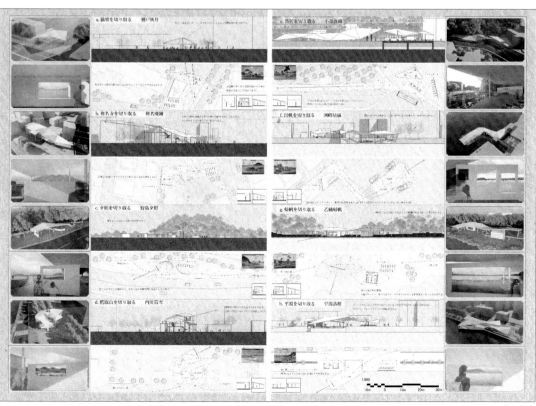

支部入選

「ただいま」と
「おかえり」がある家

池上柚月　　梶川龍星　　林萌絵
高村祐未　　山本幹太
東京電機大学

CONCEPT

近年、女性の就業拡大により共働き世帯が増加し、こどもと親のふれあう機会が減少している。また、職住分離などによる地域コミュニティの減衰から、片親の孤立問題が生じている。そこで、住民だけでなく地域ともつながり、こどもが主体的に楽しめるセミパブリックな土間空間をベースにした「子育てシェアハウス」を提案する。自分たちの居場所環境を創り出す引き出しがそろった空間で【みんなで見守り合う】環境が生み出される。

支部講評

近頃、親が子どもを虐待したり、子どもを道ずれに心中を図ったりと、悲しい事件が絶えない。背景には、それぞれの家族が、閉じられた世界・限られた人間関係の中で孤立していることがあり、親同士が子育ての悩みを共有し、周囲の大人が異変に気づくことができれば、救われる命があるのではないか。

本提案は、子ども同士の多様なコミュニケーションを育むと同時に、皆で見守り共有する関係により、さまざまな背景をもつ親（ワンオペ、シングルマザー、シングルファザー等）にとっても心強い環境となり、近年の子育ての諸課題に一石を投じる魅力的な提案だと思う。

また、住戸・コモン・パブリックという3つの機能を土間に分散配置していくという構成は、住宅から地域に至るヒエラルキーを維持しながら、さまざまな敷地や規模に応用できる発展性も感じる。

（鈴木教久）

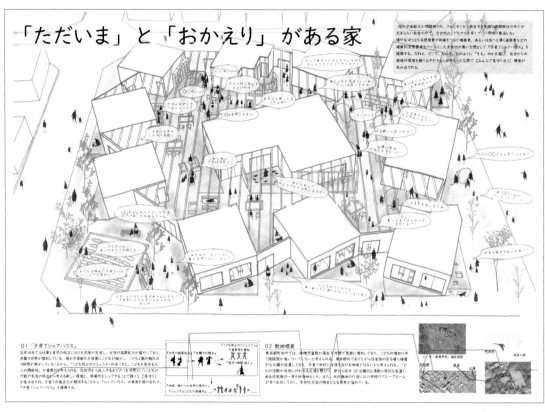

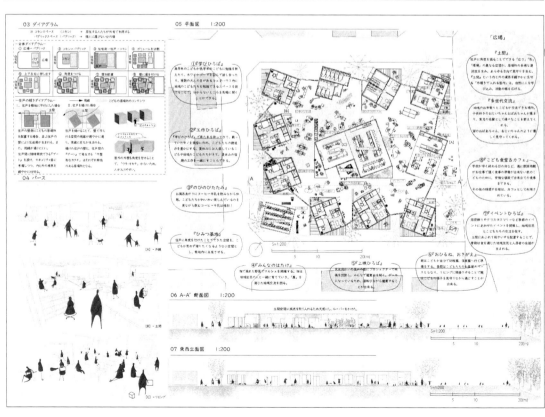

介し、変え、還す、
―人と竹林が循環する地域拠点―

吉田周和　　　　高山奈津希　　　　塚本柊平
坂本海斗　　　　江口太郎　　　　　中澤真生
東京理科大学

CONCEPT

災害の危険性をもつ放置竹林への対策は根絶やしにすることが常套であるが、地域色を破壊しているのではないだろうか。敷地は千葉県佐倉市ひよどり坂。地域の過疎化によって人の手から離れ、竹林が街に侵食している。竹の管理方法はさまざまあり、竹の特徴と掛け合わせ、建築として再解釈することができる。竹林を媒介にして、賑わいを生み出すささやかな空間を創出し、一方的な竹と人の関係を本来の姿に還す循環型建築を提案する。

支部講評

資源循環をテーマにした作品が数多くあったが、その中でも本プロジェクトは目的設定から構法レベルまで、提案内容が一貫しており作品として最も質が高かった。建築物を目的化するのではなく、必要な資源循環の要素のひとつとして捉えることにより、全く違った建築実践の地平が見えてくる。本提案は建築をつくることにより、竹林に必要な新たな循環を創造し環境を再生させることを意図している。そのために求められる構法的なディテール、空間構成、プログラムが一貫した視座のもと提案されており好感がもてた。人間と環境の相互作用によって可能になる環境のメンテナンスの方法論や計画手法は、本提案のようにもっと蓄積していく必要がある。

（連勇太朗）

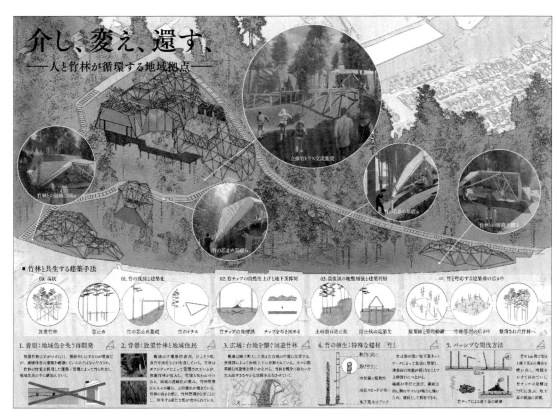

あなたにひらく私の暮らし
～減築で見えるあなたの本音～

吉野嘉一吉
川原隆平
日本大学

CONCEPT

他人の本音は何十年生きていても知ることができない。私たちの住む環境では、人は本音をうちに秘め着飾って生きてきた。現在では、新たな人と人との関係が必要であり、相手の本音を受け入れ、共に生きる関係をつくることが建築が創りだす新たな環境であると考えた。木造密集市街地の解消と共に、人が自然と使う「本音と建前」の本音を受け入れ、共に生きる空間を開く。

支部講評

2021年、東京の1世帯あたりの平均人口が2人を割った。4人家族のファミリー住戸の内側がスカスカになっている。その一方で、不動産物件の賃料相場は上昇の一途をたどり、「床は余っているはずなのに、そこを活用できない」という、都市計画や建築計画が生んでしまった占有の呪いが東京には横たわっている。これは、そんな現実を明るくひるがえすように、東京の木密住戸の内側に耐火壁を建て入れ、家の内外やプライベートパブリックを反転しながら、生活空間の拡張と他者の参加、避難計画までを一体的に解きほぐすような提案。東京という大都市、過疎や火災の危険性など、木密が抱えるさまざまな課題を前向きに打ち返しながらも、木密地域のコミュニティや空間の関係性の面白さを継承し、更新している点に期待感を感じた。

（冨永美保）

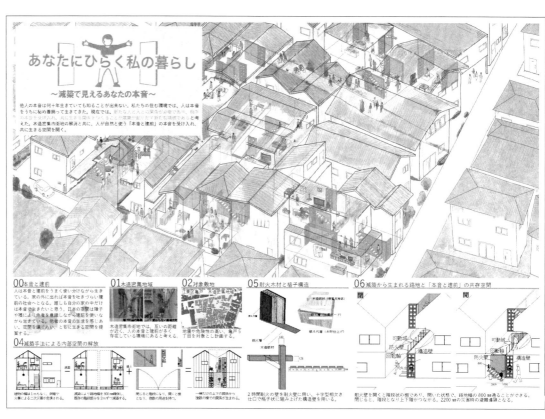

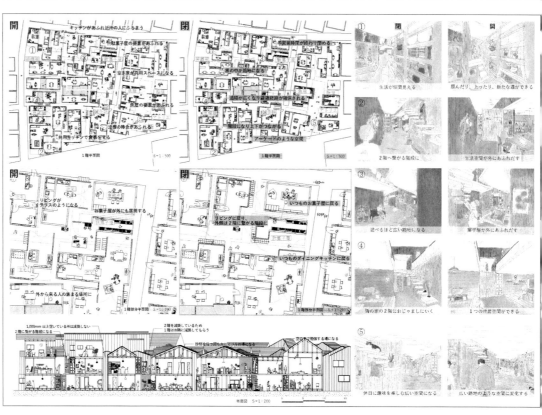

隔たず、交わらず
―害獣とともに歩む梅の里―

支部入選

宮原すみれ　　川﨑郁海　　　佐古統哉
市原玲菜　　　藤田萌　　　　丸山周
立元佑樹　　　西村未空
東京理科大学

CONCEPT

近年問題となっている害獣問題を解決するために、地域の特産品である梅を使った動物と人間の緩衝地帯となる環境を提案する。かつての動物と人間は、里山などの緩衝地帯で互いの気配を感じ取り、互いに交わることなく生活していた。山の麓であるという敷地の特徴から、懸造や地形に合わせた屋根の形、梅の加工によって発生する煙によって人間と動物の距離感を調節して両者が共存し、かつての緩衝地帯を取り戻す。

支部講評

生態系の維持、他生物との共生といいつつ、人間は、結局は自分たちに都合のいいものだけを選び取って生活している。この計画では、野性動物による農作物への被害という深刻な問題に対して、捕獲以外のオルタナティブな解決方法を提示しつつ、人間の生活は、常に他者（他生物）と共にあるという事実を投げかけている。建築内部のプランを見ると、マーケットやレストランなどの計画が主役のように見えてしまうが、烏梅の製造過程と、煙によって緩衝帯をつくり出すことを計画の主軸としているはずなので、形態や断面、スケールの設定などは、このプログラムでしか成立しないような、もう少し個性的なものにできたのではないかと思う。

（針谷將史）

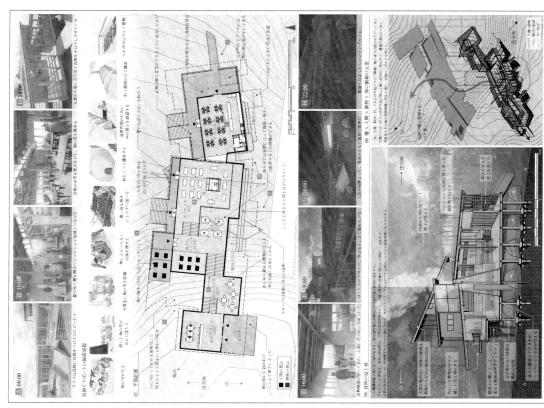

緑線
−廃線をなぞる有機的な都市の再編−

青木一将　　　　柴田育朗　　　　高澤政弘
清水啓甫　　　　黄迪

千葉大学

CONCEPT

従来の役目を終えた建築物が、商業資本主義を盾にした再開発計画の中で一方的な取り壊しの危機を迎えている。新しいものを作るためには取り壊すことが当然となった今、人々の間には必要な分だけ環境に介入するという姿勢が希薄になっている。再開発によって進んだ街並みの均質化をほどいていくために、鉄橋を含む廃線跡に沿って歩き続けられる空間を必要な分だけ整備し、時間をかけて人々の手によって街に緑を編み込んでいく。

支部講評

廃線となった晴海鉄道という社会的インフラの緑化による人道橋化と、線路形状に沿って作物を育てる場を付加し、都市を有機的な風景に再生していこうとする提案である。

鉄橋という土木の遺構を植物が覆っていく姿はどこか廃墟的で、短期的で経済性を追求した開発へのアンチテーゼの象徴にも見れるだろうし、周囲の農業拠点施設という人の営みが既存の都市を緑で侵食していく様子は、無機質な都市を人が豊かな環境へと取り戻していく風景として感じられる。いずれも時間をかけて、少しずつ環境を変えていこうとする提案がよい。農業拠点施設の木架構のシステムは今後の社会の変化や成長・増殖に対応しやすいものとして深掘りするとさらに良かったかと思う。

（竹内雅彦）

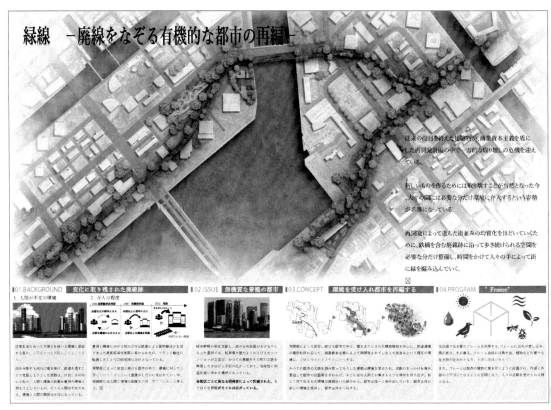

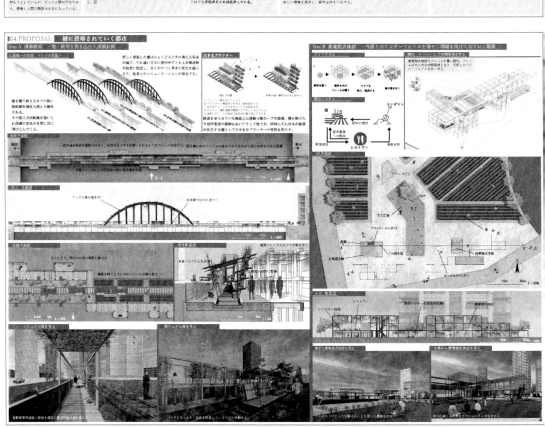

倒塔更新

佐藤琉智　　　水谷亮介　　　高山茉佑子
片山雅也　　　陳丹丹

千葉大学

CONCEPT

未来の環境を考え、建築によって土木構造物を人間的スケールへ横断させる。

換気塔は将来電気自動車の普及によって数を減らせると考え、中落合換気所の二つある換気塔のうち一つを用い、地域の伝統産業である染め物の作品を製作できる場をつくる。

山手通りの中央分離帯に換気塔を倒して分割・再編成し、染め物の工程ごとにボリュームを配置。クリエイターや地域住民、職人らが交わることで染色文化を介し地域に活気が訪れる。

支部講評

界隈性や既存のコンテクストを無視した都市計画道路、そびえ立つ換気塔は、山手通りを通過したことがある人なら誰もが、暴力的で異様な風景だと感じるはずなのに、もはや受け入れるしかない現実に感覚が麻痺している気がしている。この計画では、現状を受け入れつつ、建築を媒体として、土木的スケールの環境とヒューマンスケールの環境を結び付けるために、副次的にできてしまった中央分離帯の活用を試みる。鉄塔の風景の断片を残しつつ、染め物を用いながら水平のランドマークへと変容させていく計画は、この場所でしかできない個性的な環境をつくり出しているように思える。しかし染め物を用いることがややコンテンツ的になっている感じがするので、解体され再構築された土木構築物のリズムや空間形式だけでも十分勝負できる提案にできたのではないかと思う。

（針谷將史）

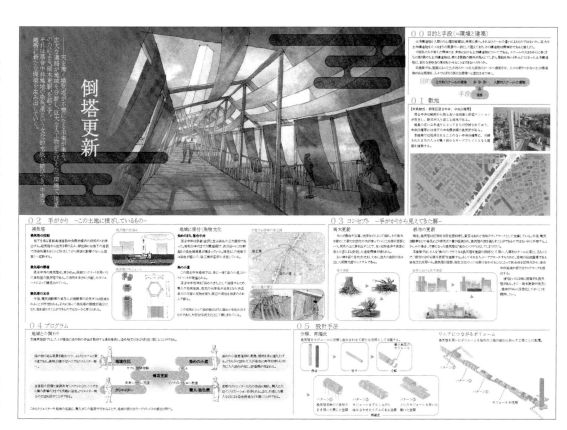

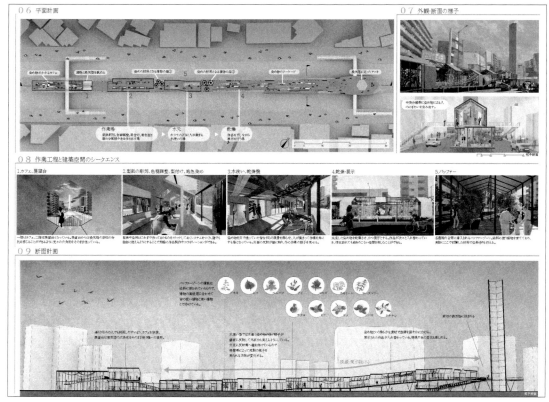

漁村国崎町の内外を結ぶ接道空間の計画

鈴木啓人

名城大学

CONCEPT

鳥羽の漁村、国崎町は伊勢神宮に熨斗鮑（のしあわび）を奉納する海女の聖地である。このまちの文化を理解しない釣り客などの外部の人とそれを良しとしない住民の隔たりを解消することはできないだろうか？　灯台や参道、神聖な岬など国崎町の住民にとって「大事なもの」を巡りながら意識できる計画とする。まちの人の溜まり場と外から訪れた人が過ごす場が適切な距離で共存し、お互いに新鮮な刺激や学びを受けられる場を目指す。

支部講評

海女の聖地における文化を理解しない観光客の行為。またそれを良しとしない住民。この両者の隔たりを緩和するための建築の提案。

鳥羽市国崎町では伊勢神宮に奉納する熨斗鮑や海藻などを漁港や道路で住民が干している。この「干す」「吊るす」「掛ける」という行為を建築に組み込むことにより、観光客と住民に新しい接点が生まれるのではないかと考え、双方が利用できる施設を、まちの道の性格とシンボルを読み解きながら、バランス良く3箇所に配置している。

それぞれの施設で観光客と住民が協働したり、時間を共有することで、お互いを知るきっかけをつくり出しているこの建築は、双方の隔たりの緩和どころか、より豊かな環境をつくり出すのではないだろうかと期待するものである。

（西口賢）

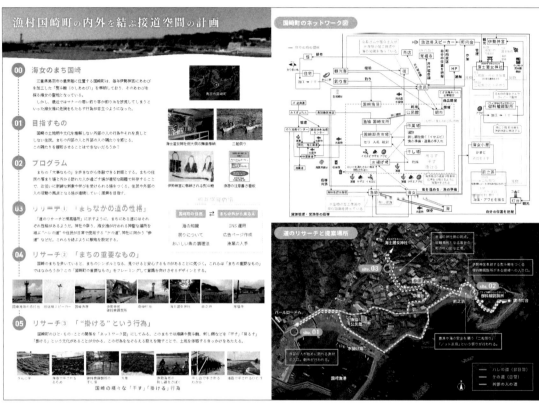

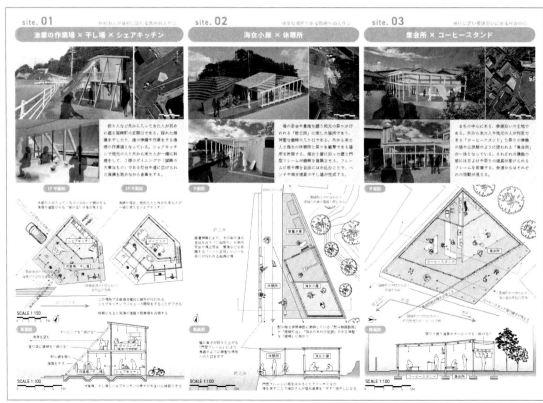

支部入選

まちに広がる水の脈
－水道管・下水道管に縛られない暮らしの作り方－

内田翔太　　　　　高橋佑奈 **
牛田結理 *

千葉大学　*東京都立大学　**明治大学

CONCEPT

私たちは、どこの水を飲み、水がどこへ行くのか知らない。水道管という1本のインフラに頼りすぎているのではないだろうか。そこで、上下水道に頼るのではなく、どのまちにも降り注ぐ雨を活用して水を溜め、生活用水として使用し、使った水は少しずつ浄化していく。そのような新たな水循環インフラを建築化し、水道管の更新とともに、徐々に土に埋まった配管をなくしていく。

支部講評

高蔵寺ニュータウンという住宅団地をモデルに、雨水を活用した新たな水循環インフラの建築化について提案。高度経済成長期に建てられた住宅の多くは、インフラの維持管理に苦慮している。本提案は、そうした状況を踏まえ、水道管というインフラに依存することなく、どこでも利用が可能な雨水を活用して水を溜め、生活用水として使用し、使った水は少しずつ浄化させるという一連の流れを一つのパッケージとしてうまくまとめられている。具体的には、「水の循環の中で暮らす家」、「水をきれいにする植棚デッキ」、「雨水から生まれた水舟川端」、「水を土に還す空き家」などが提案されており、どれも雨水の利用方法に工夫がみられる。

（佐藤一郎）

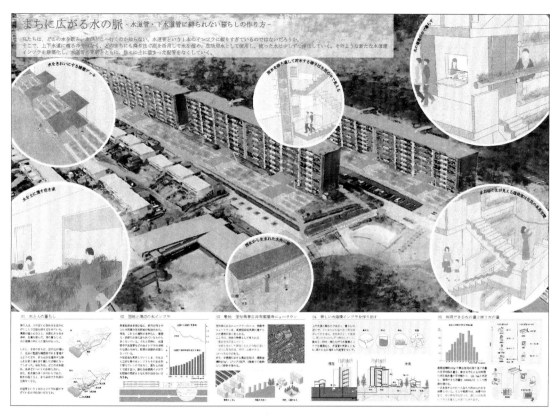

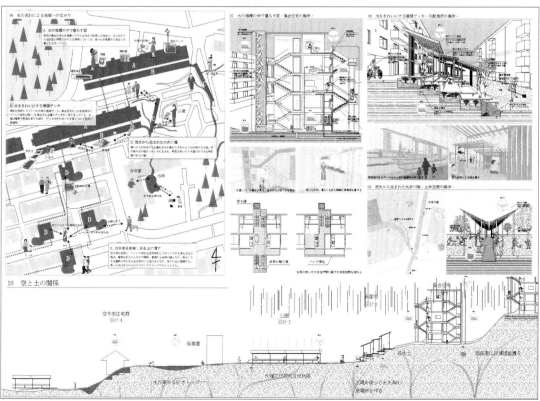

智慧の織成し
ー公界における 10 年の過ごし方ー

鈴木遼　　　　竹内もも香
彦坂誠也
大同大学

CONCEPT

戦前から多くの人々によって住み継がれてきた長屋住宅が、10 年後に予定された都市公園化により半強制的に取り除かれようとしている。その場に根付いた生活や歴史は蔑ろにされ、住人は立ち退きを余儀なくされている。本提案では、倒壊した家屋や余剰空間に、先人たちの智慧を再編し、住人たちのこの先 10 年間の生活環境を再構築する。残された 10 年をより豊かなものとするため、環境から考えるもう一つの共有地を提案する。

支部講評

特殊な状況の長屋住宅エリアに対し、あと 10 年という時間を豊かに暮らすための稀有なプロジェクト。特筆すべきは、この界隈に積み重ねられてきた建築のハード面と、住人の人となりというソフト面を掘り下げて、コミュニティのあり方を空間的な強さで確実なものにしようとした点である。平入りの切妻を踏襲し、トタンやポリカなどの安価な建材と、栗材などの構造部材、鉄パイプやベンチなどをパッチワーク的に再構成している。住民たちは深く人間性を知ったうえで、振る舞いのネットワークを構成し、そこに空間を重ねあわせている。これらの手法によって生まれる新たな環境に対し、立ち退きに至らない未来を夢想する設計者としての態度が素晴らしい。

（田井幹夫）

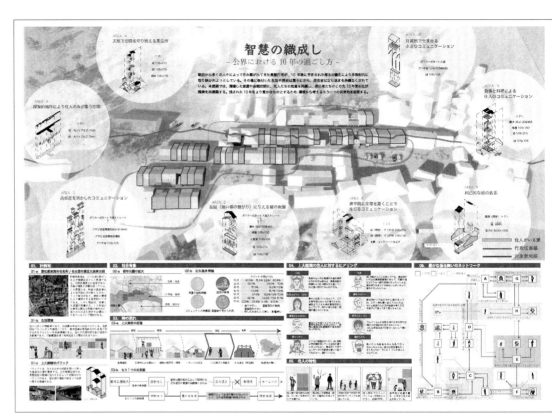

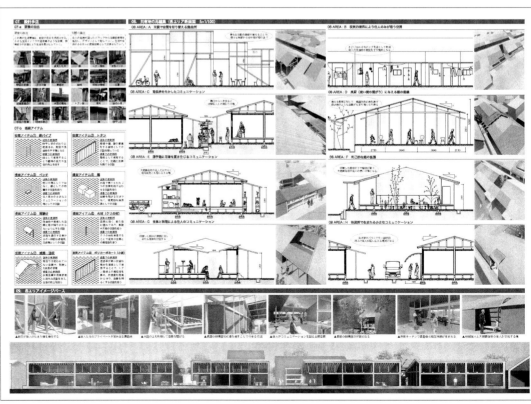

支部入選

穂の国緑水帯
－水上ビルから波及する親緑空間－

後藤晟太　　　　林あかり　　　　　　三木菜羽
野原舜一朗　　　名原夕稀
愛知工業大学

CONCEPT

用水路の上に建つビル、通称「水上ビル」。本提案はビルの改築によって、社会的な環境問題であるヒートアイランド現象への対策と、健全な生態系の確保を目的とするネイチャーポジティブの実現を目指すものである。暗渠であった用水路を開渠とし、緑水帯を形成することで、水上ビルを起点とした新たな生態系を構築する。また、ボランティア活動などを通して人々の交流空間を形成する。

支部講評

愛知県の豊橋駅近くの水上ビルの改築の提案。戦後の復興の市民の支えとなった歴史あるビルのため、現在、構造や設備の老朽化の問題を抱えているが、この場所をどのように更新していくのかは重要な課題である。壁のように建ち、上下階のつながりが希薄だった建築を、提案では空間性を残しながらも、風や光を入れ、断面的なつながりをつくり、周辺環境の景観となるような緑水帯を計画している。古代、穂の国と呼ばれ今も農業が盛んな豊橋の玄関口となる駅前にあるビル群が、暗渠化された農業用水路を開渠化し、水と緑の風景へと回復する。市民や訪れる人々が街の成り立ちに触れながら、家庭菜園や植林活動などを通してコミュニティの場を形成していく提案は高く評価できる。

（岩月美穂）

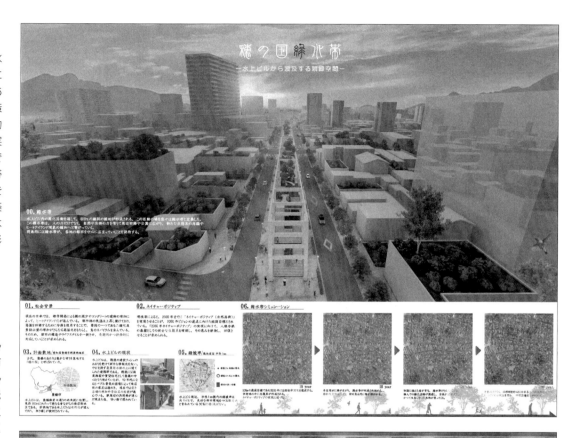

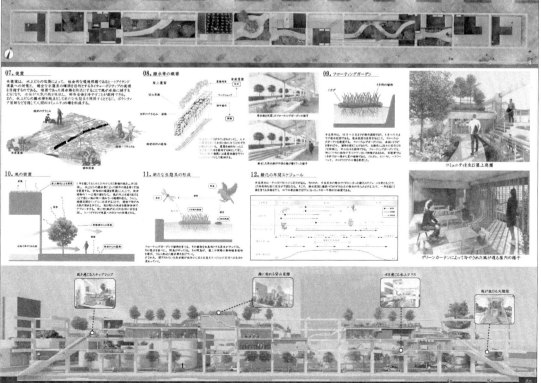

交わる食の駅

磯貝由奈　　　磯村今日子
濱﨑裕理　　　勝谷采音
名城大学

CONCEPT

私たちの生活は3次産業との関わりが強く、1次産業からの流れをあまり知らない。地元を知ってもらう手法として設けられた道の駅は、ただ買うだけの場になっており、地元地域を知る形になっているとは言い難い。そこで、農業が盛んで、現在若い世代が増加している、愛知県日進市を対象として、食を媒介とし、関わるキッカケを体感する場を提案する。また、増加する子育て世帯の子どもとの関係を構築することを目指す。

支部講評

道の駅の提案である。本提案では6次産業という言葉こそ使わないものの、1次（生産）から2次（加工）、3次（販売）までを手がけるという意味では6次産業そのものである。ただ、そのすべての場所が提案敷地内で行われ、まるで小さな地域そのものがそこにあるように風土を感じられる可能性が評価された。畑や販売所といった本来隣りあわない要素を統合するために、リング状のキャノピーを用いて、内外部やスケールの違いをうまく調停している。一方、畑を諸室のようにプランニングしていく中に、スケールの異なる畑への対応があるとより提案の包容力を感じた。いくつかの改善点もあげられたが、建築のハードの提案でも解決しようする姿勢は、ソフトの提案だけでない建築への信頼とバランスの良さを感じる。

（白川在）

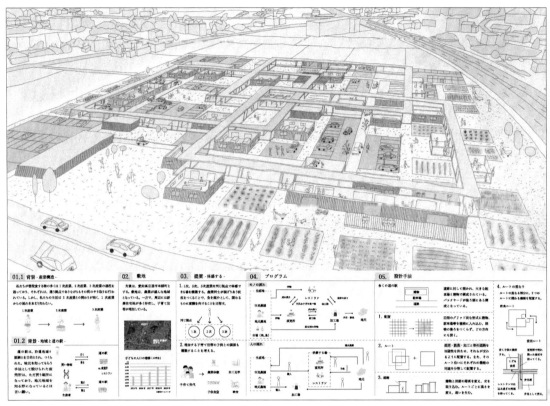

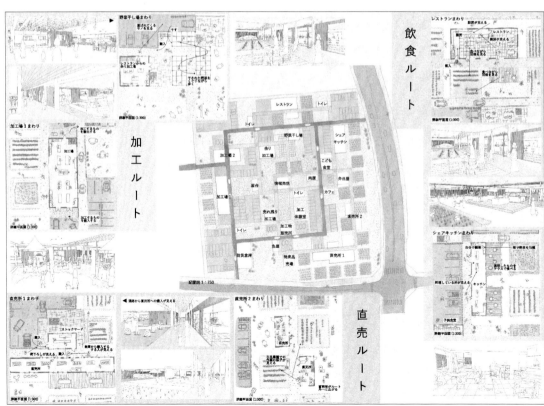

支部入選

承前啓後
－地域資源を活かした、まちと建設業のあり方－

久保田華帆　　　　土屋柚月
齋藤花月
愛知工業大学

CONCEPT

岐阜県揖斐川町は、かつて地域の豊かな地域資源と揖斐川の水運で発展した町である。しかし、現在、地域と生業や生活との関係は希薄化し、親族内継承がされない空き家が増加している。本提案では、本格的な低成長成熟社会を迎え、産業の転換が迫られている地域建設業を担い手として想定し、放擲された空き家群や地域環境を媒介に、地域資源を活用した多様な新ビジネスにより、未来を切り拓く地域再生の提案を行う。

支部講評

岐阜県揖斐川町の豊かな地域資源を活かしながら、人々が魅力的に住み続けられる街として再生、更新し続けられるような機能や空間、仕組みづくりの提案。空き家が増加している課題から大きく施設を計画するのではなく、小さく街に馴染んでいくような計画は高く評価できる。この場所の魅力を抽出し、水資源を中心に人々の暮らしを豊かにする地域産業エリア、日常エリア、観光・拠点エリア、福祉エリアを緩やかに点在させて、その中にコミュニケーションを促進する川床や建物の1階を減築し生まれた共有テラス、学び場としての本棚、木質バイオマス発電の銭湯など、街を良くしていくためにヒト・モノ・コトを総合的に見守れる人の重要性が描かれている。

（岩月美穂）

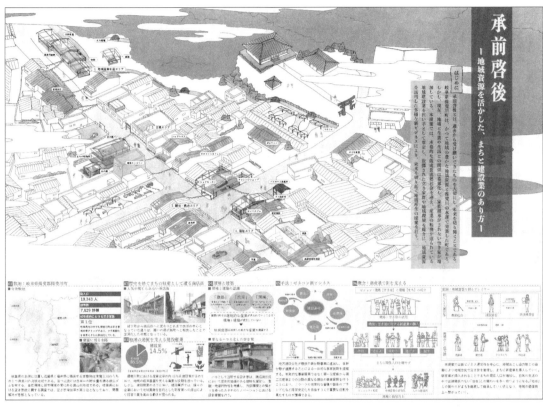

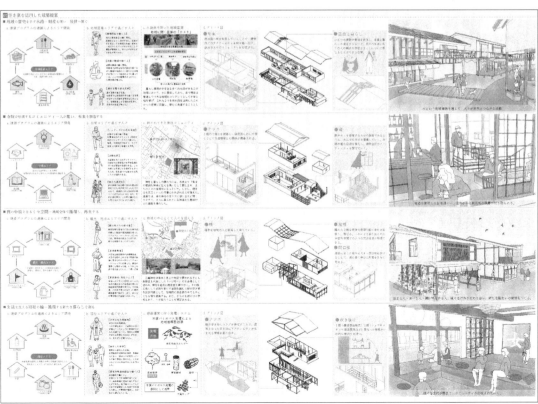

俗都市化する都心の環境再生

荻野稜平　　　　　田中美羽
村田真菜歌　　　　田代笑瑚
愛知工業大学

CONCEPT

かつてまちの中心部は、会所や路地、沿道店舗などを媒介として、人々の多様なアクティビティが発生し、環境としての「界隈」を育んでいた。しかし、経済効率の重視された現在のオフィス街は、「界隈」を育む環境を無くし、俗都市化している。本提案では名古屋市錦を対象に、ミニ会所や立体路地、都市緑化、木造ビルを新たな媒介空間として位置づけ、オフィス街に現代的な「界隈」を取り戻すことで、俗都市化する都心の再生を図る。

支部講評

名古屋市錦二丁目を対象に、俗都市化する都心の環境再生について提案。かつての「界隈」を取り戻すために、ミニ会所という空間を設け、立体路地で繋ぐことで連鎖的なコミュニティの形成に配慮されている。また、新たな会所にはアクティビティとして、「屋台村」、「広場」、「カフェ・レストラン」、「農地」、「図書館」、「銭湯」など錦二丁目の街に足りないもの、錦に関わる人々が必要としているものが盛り込まれており、非常に魅力的なものになっている。特に、都市空間における木質化されたアーケードは、さまざまな人を迎え入れ、錦二丁目のシンボリックな建築物として評価できる。

（佐藤一郎）

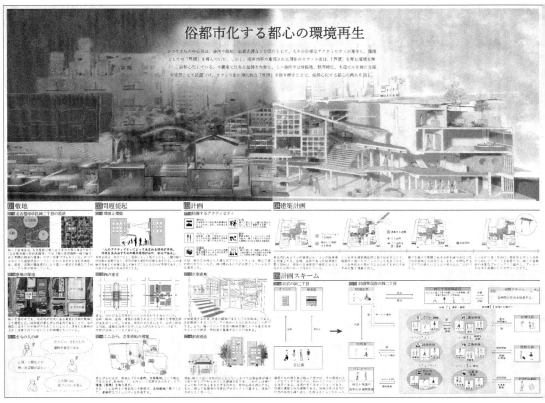

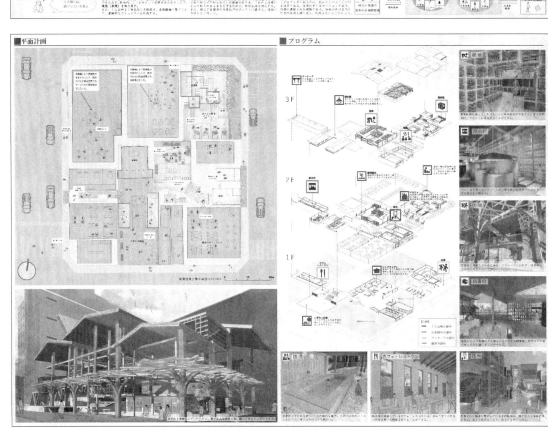

デカボリズム
−すべて祭りになる日まで、、、、−

矢野泉和

九州大学

CONCEPT

「祭」は幻想的時間であり、その地域の固有性である。今や少子高齢化による、後継者不足で失われ、本当の意味での「幻」となりうる状況である。石川県七尾市の青柏祭では、3つの町が持つ「でか山」は祭り以外は集まらず、伝統が分断される恐れがある。本提案では「でか山」と既存の住宅や商店街が融合し、祭りが暮らしぶりの「環境」となり、地域民や観光客に対し、固有性と新たな伝統が生まれる舞台として、町は呼吸していく。

支部講評

石川県七尾市の青柏祭に曳かれる「でか山」を再解釈し、祭り当日だけでなく日常的にも地域に豊かさを生み出す仕掛けとする着眼点は非常に興味深いものである。

特に、祭り後に解体され山蔵に収められていたでか山の部材を既存建築に融合させ新しい建築形態とアクティビティを生み出そうとしている点に大きな可能性を感じた。動くでか山と動かない建築という概念を崩して、その2者の間に新しいダイナミズムを発生させている感じがした。パースでは祭りの楽しげなパワーのようなものが日常的に発せられるまちの様子が上手く描かれている。その一方、少しカオス的な表情になってしまっている点は残念な気がする。

（宮下智裕）

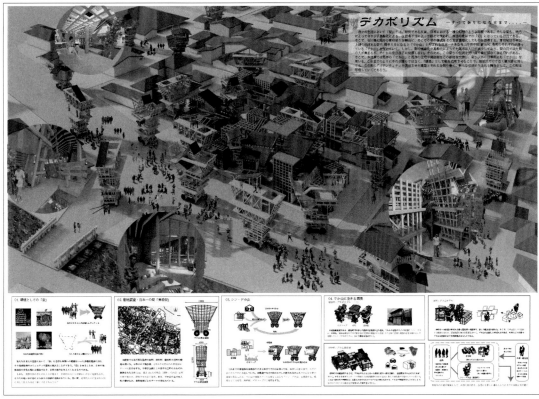

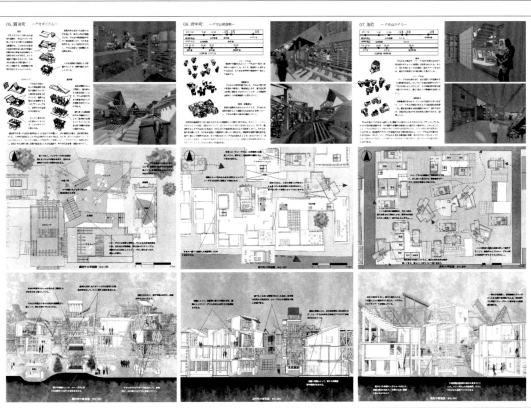

光の先に見えるもの
－卸売市場の閉鎖的環境を開くための改修提案－

支部入選

加藤穂高　　　喜多崎匠
上野亮登　　　山本輝樹

福井大学

CONCEPT

過去から続く生業を秘める卸売、現在の人間らしい活気を纏うふくい鮮いちば、余白を持つ市場が市民で賑わう未来を繋ぐために「時間を横断する環境」が必要であると考えた。私たちは卸売棟と市場棟に共通するささやかだが人が自然と集うトップライトという建築要素に着目し、その先に広がる空という変わらぬ自然を時間を横断するための対象としながらトップライトを建築的に操作し空間化することで、開放的環境を提案する。

支部講評

福井市近郊に建つ卸売市場内の2棟の建物にトップライトを増設し市場内に多様な光環境をつくり出す、そして2棟を繋ぐ既存渡り廊下屋上に歩行デッキを増設し、見学者の動線を地上からもち上げ歩車を分離して2棟間の移動を容易にする。さまざまな形態のトップライトや2棟をつなぐ屋上デッキ空間を付加することで、周辺環境を豊かにする外部景観をつくり出す工夫も意図されている。

現状のやや閉鎖的な市場環境を多様な人々が集う開放的な市場環境へ転換するべく、過去への考察により市場のあり方を定義し、また現状の丁寧なリサーチから、環境という言葉に光や動線といった時間的な横断性を見出していること、そして具体的な建築言語を付加する提案を行っていることを評価する。

（清水俊貴）

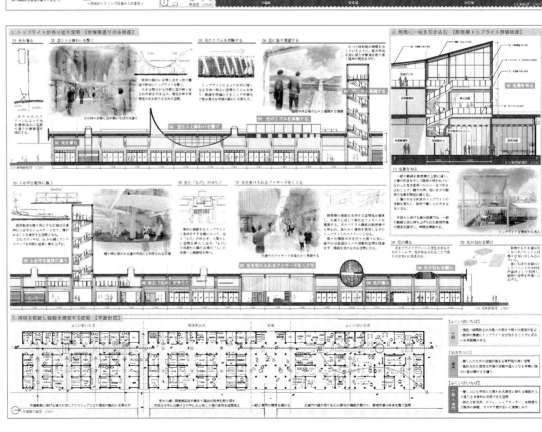

水脈が紡ぐ結の街
—朝市を介した湧水文化の再編—

山下純平　　　梅村夏帆
山本裕也
愛知工業大学

CONCEPT

四季折々の環境を有する日本が培ってきた水文化は、利便性を追求した土木工事や暗渠化を皮切りに失われつつある。こうして地域の固有性を育んできた水文化を消失させることは、暮らしの利便性を得る以上に大きな損失となるのではないだろうか。本提案では環境を地域固有の湧水文化とし、その環境が消えつつある大野市を対象に、湧水文化と地域の結束点となる場を生み出すことで、新たな湧水暮らしのあり方を提案することを目指す。

支部講評

越前大野の「暗渠化された用水」に着目した提案である。具体的には、朝市が400年以上続く七間通りの暗渠蓋を開くことによって、いわば「東屋の屋根に転化」することによって、「通りを歩行空間に転化」する取り組みであり、この通りに面した三つの空地の有効活用方法（シェアキッチン、無人販売所、広場）も提案している。もちろん、七間通り中央の400mほどに屋根を掛けることに賛否は分かれよう。あまりにも単純で見方によっては暴力的でさえあるが、だからこそ歩行空間を希求する強い意志の表明になっているともいえる。いずれにせよ、屋根を掛けるという原初的な建築操作に建築の力を信じる潔さが伝わってくる提案である。

（佐藤考一）

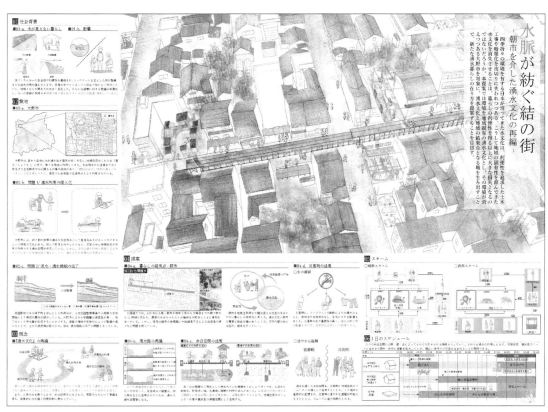

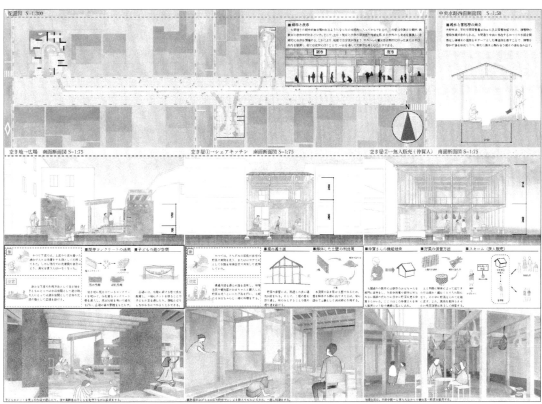

支部入選

環境的建築試行Ⅴ

北脇知花　　　　成川純平
長央尚真

神戸大学

CONCEPT

私たちは「環境」を太陽光や熱、風、雨だけでなく人間や電車など建築を取り巻く全てのものであると定義し、人と「建築」がより快適でいられるために、環境を遮断することなく取り入れて循環させる装置を利用したプロトタイプとなる建築を提案する。駅が駅としての役割にとどまらず将来的には地域全体の「環境」要素に働きかけ、住民や来訪者の交流を促し、安らぎを与えようとする試みである。

支部講評

無人駅の既存駅舎に建築的操作を行い、自然環境を制御すると共に人や電車といった移動する媒体が重なることでさまざまな空間性を発現させようとする試みである。既存の駅舎を活かしながら自然環境を取り込み多様な空間を創出する手法はある意味一般的ではあるが、提示された案は外部との関係性や改修によって生み出されたスケール感といった点において新しい「環境」を創り空間の質を向上させている。一方で新しく快適になったこれらの空間が何を生み出すのかについて多少もの足りなさを感じる。無人駅であるこの場に本提案がどのようなアクティビティを誘発しまちに影響を与えるのか。まちとの関係性を描ければより「環境的建築」の力を感じさせることができるだろう。

（三宗知之）

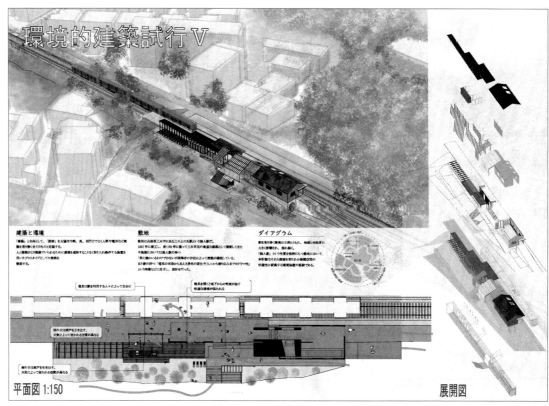

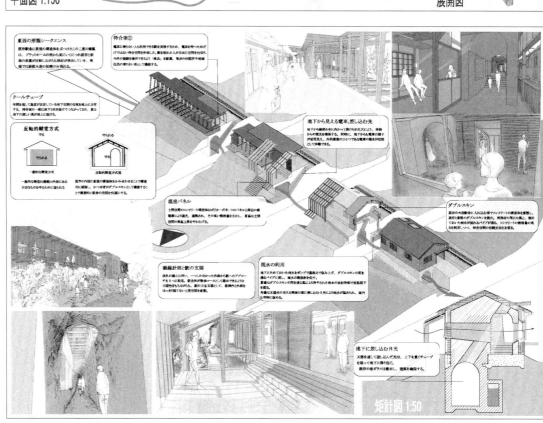

路地でふれあう〇〇な暮らし
－空堀らしさの継承と長屋の更新－

奥野未奈　　　　渡邉一貴　　　　敷野寛明
辻村友佑　　　　凪景太

大阪工業大学

CONCEPT

歴史的な街並みの残る木造密集地域『空堀』は建築が『時間』を積み重ねて環境を育んできた。しかし、現代の生活様式に適さない間取りや老朽化による防災上の問題で継続は難しい。台所が路地に面し、小窓を介して交流した長屋の形式を受け継ぎ、現代の多様化する家の中での活動を路地に接道させる。加えて防災意識向上を図る地域交流拠点を配置し、家の窓辺で起こる交流と合わせて段階的に操作する。時間と共に空堀の街を再編する。

支部講評

大阪の空堀の長屋を建築が時間を重ねて生み出した環境と位置付け、その特徴的な空堀の長屋の原型（大阪長屋）である台所が路地とつながっている間取りに着目して長屋を再構成し、台所であった空間を路地に開かれた新たに意味付けられた何にでもなる場—〇〇な暮らし（例えば音楽や読書のための空間）—として再生させる提案が魅力的な発見だ。積み重ねられてきた長屋の風景を新たな魅力を付加して継承発展させていくというストーリーに、建築の力で環境をよりよく変えていくという意思が感じられた。暮らしの風景が色とりどりに路地に漏れ出すことで、昔の景色とは違う—あたらしい「ロジ」—が生み出され、これから空堀の地にさらなる積み重ねが生まれていきそうだ。

（小幡剛也）

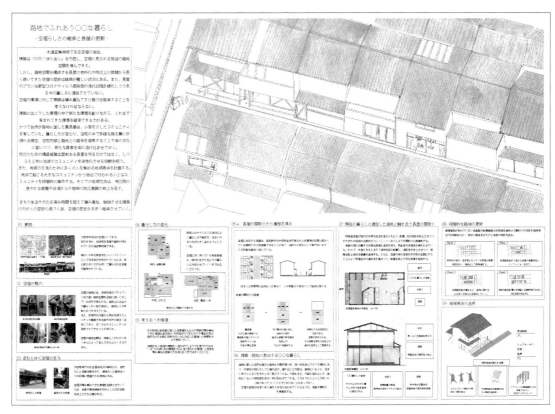

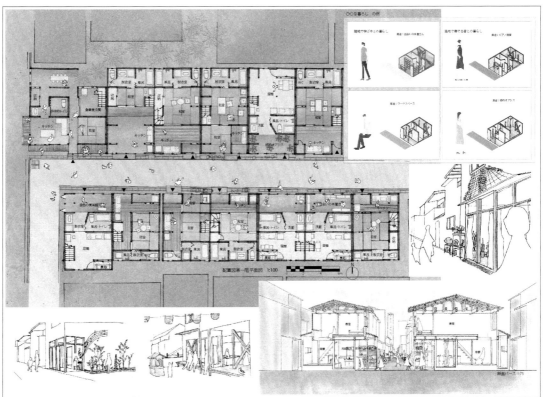

結びの孤島

清岡鈴

京都大学

CONCEPT

制度や機能を共有する場所ではなく、まちに存在する環境を共有できる場所を用意することにより、人々の間にある壁をこわすことができる建築を提案する。機能よりも環境との関係性が先行する建築においては、福祉の制度にくくられる人・こぼれ落ちる人を問わず、各々が思い思いにふるまいを選択する。そして、ゆるやかにまちの環境を共有する。全ての人に対して平等に佇み、純粋な地縁を結び直す建築を目指す。

支部講評

住宅街の線路と水路に挟まれ活用しにくい細長い敷地を孤島に例え、その敷地に、さまざまな人々が集まり交流をするための地域に必要な福祉機能をちりばめている。それら機能群を周辺住宅の勾配屋根と呼応する架構で大きく包み、機能を規定しない空間を創り出す。それにより施設を利用するさまざまな年齢層が緩やかにつながり、体験を共有することで、新しい地縁を生みだそうとしている。用途を規定された建築の抱える使う人を限定してしまうという課題に対し、機能を分散配置して、余白となるヒューマンスケールな空間（環境）を創り、人々をつなげるという提案が好感のもてる作品であった。

（大澤智）

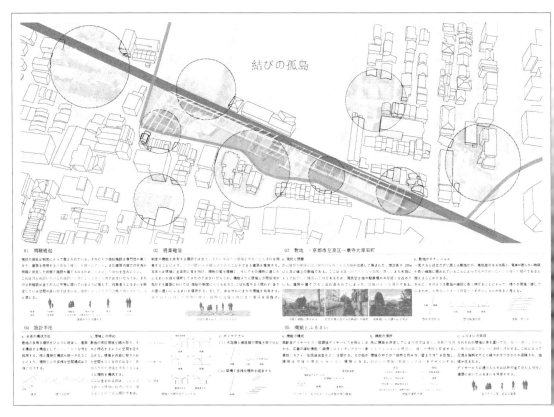

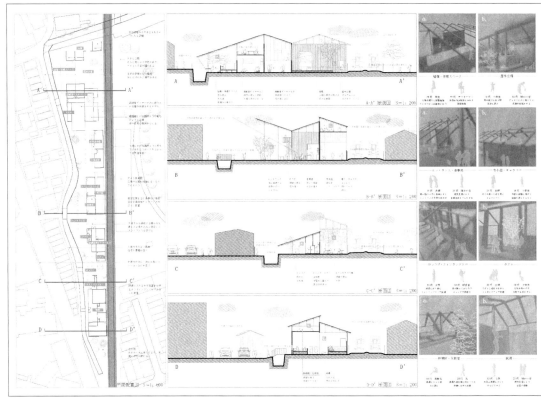

支部入選

都市の内の谷はソト

落合洸介　　　舟木健太郎
野口理紗　　　松森梨佳子

神戸大学

CONCEPT

一人一人が所属しているコミュニティを「都市」とすると、そこから距離を保つ異なる環境は「都市のソト」である。現在、都市のソトは家の中にしか存在せず、公園や広場も都市のソトではなくなりつつある。都市に居づらくなったとき、気軽に訪れられる異世界としての「都市のソト」が必要である。

住宅地にひっそりと佇む渓谷空間である高羽川公園に、この渓谷としての地形を生かした万人に開かれた内向きの空間を提案する。

支部講評

神戸市灘区にある住宅地の公共空間を対象に、都市部における人間関係を含めた「環境」から一人になる場所や時間をもちたいと願う人のための空間を設計している。住宅地の中に存在するコンクリートで囲まれた水路や高架、木々が生い茂る渓谷という場所に着目し、その地形や自然環境を活かしつつオープンで光や自然を感じさせる空間を提案している意欲的な作品である。また、格子状の構造物を組み合わせ、人が集まる場でありながらも視覚的・空間的に適度にプライバシーを保つ空間を提供するデザインとなっている。既存の公共空間に建築的デザインを組み込むことで、現代の人々が抱える課題やニーズを解決する可能性を提示した点が評価できる。

（落合知帆）

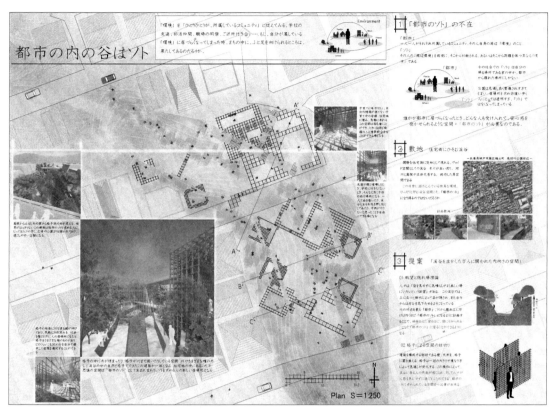

都市の内の谷はソト

Plan S＝1:250

1 「都市のソト」の不在

2 敷地　住宅街にひそむ渓谷

3 提案　渓谷を生かした万人に開かれた内向きの空間

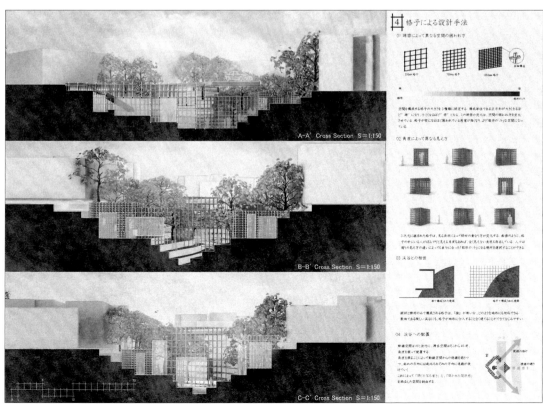

A-A' Cross Section S＝1:150

B-B' Cross Section S＝1:150

C-C' Cross Section S＝1:150

4 格子による設計手法

淡路の心拍を整える
－島列車による環境のコラボ－

藤重毅士　　　　屋卓冶
西村翔太
大阪工業大学

支部入選

CONCEPT

人体において，程よいテンポの心拍は「健康な環境」を生み出す。車社会の浸透により、乱れた淡路の心拍を整える。
独自のテンポを持つ島列車を再編し、地方における「環境と建築」の関係性を再編する。
人体では血液を程よいテンポで循環させることで、健康な環境を形成している。体にとって血流は，速すぎても遅すぎても良くない。そこで私たちは健康な建築を提案する。

支部講評

廃線となった淡路電鉄の線路を使い、特産・観光・日常と3つの特長をもった列車で、乱れている街の心拍を整えるという提案がユニークで魅力的である。ヒト（一次産業者、地域住民、観光客）、モノ、コトと広い意味での環境をうまく循環させ、衰退している地域産業を再生させるという社会問題にも踏み込み解決策を提案している。特徴ある5つの駅を丁寧にそれぞれ設計しているところも好感がもてる。課題設定と解決策へ至る論理も説得力があり、特に、淡路特有の解決策であることに共感する。電車に乗ってそれぞれの駅をめぐってみたくなるようなプログラムであり、図面表現も豊かで分かり易く、他の追随を許さない作品であった。

（大澤智）

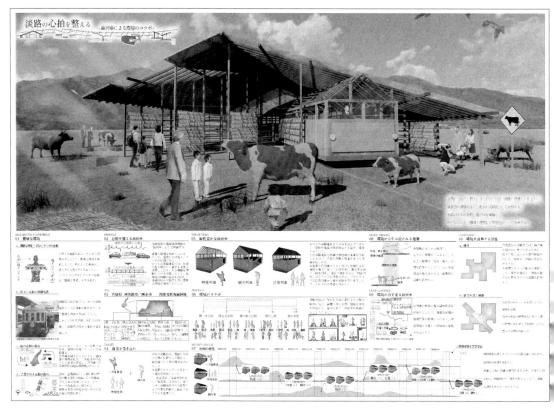

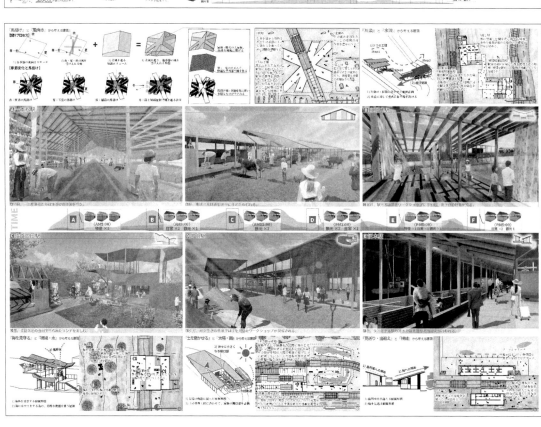

支部入選

ミライを育てミライを守る
—まちの変化に順応する新しい津波避難タワー—

高山小春　　　　竹澤紀子　　　　甲斐健斗
河野裕翔　　　　矢島綾乃　　　　野上奈々恵
佐賀大学

CONCEPT

近年、南海トラフ地震とそれに伴う大津波が問題視されている。和歌山県白浜町では最大16mの津波が予測され、対策として津波避難タワーの建設が進んでいるが、津波避難困難地域が未だ存在する。中区に、震災前は子どもの遊び場として、震災時は避難場所として、震災後は復興活動の拠点として人々の利用を可能にするような、新たな津波避難タワーを提案する。まちに人々が帰るまで、津波避難タワーはシンボルとしてあり続ける。

支部講評

津波避難困難地域を対象とした、三次元らせんを形状のベースとした津波避難タワーの提案である。津波避難タワーが、発災時の一時的利用にとどまることに問題意識をもち、日常的に公園として利用できるよう子ども向けの遊具が設置され、タワーで遊ぶことが訓練の一環となるよう計画されている。発災後は復旧支援の機能をもたせることが意図されており、また視線のつながりからこのような形状とした理由も明快である。スロープとすることで水平移動距離は大きくなるので、ところどころ存在する階段やユニバーサルデザインとの関係に言及されているとより高い評価となったと考えられる。

（鈴木広隆）

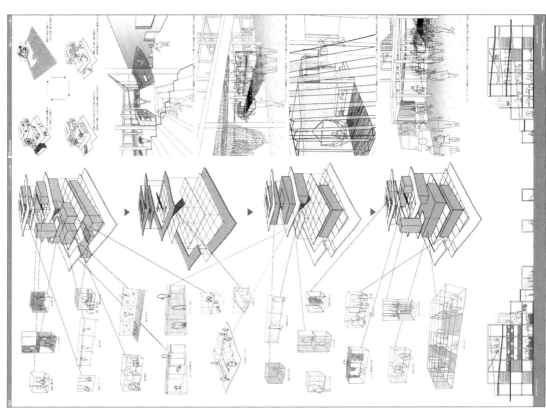

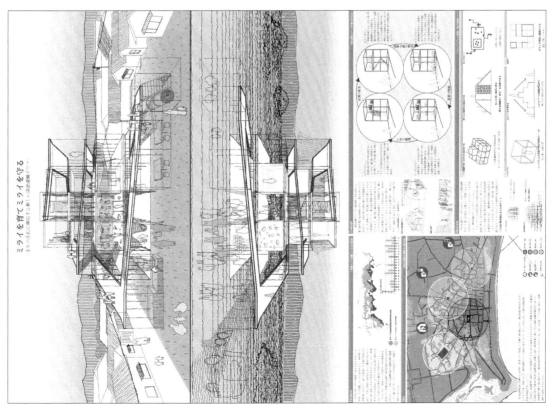

支部入選

玄関都市計画
－地方都市を二分する、新たな境界としての建築－

北村太一　　　藤本泰弥
曽根大矢　　　宮内春帆

近畿大学

CONCEPT

暮らす場所の縛りがなくなり、暮らす場所を自由に選択することが可能となりつつある今。

衰退しつつある移住先としての地方都市を守り、新たな暮らしの可能性を広げるため、今、改めて「定住する環境」について考える必要があるのではないだろうか。

そこで、生活圏内に2つの環境が隣り合う、「併存的環境」を生み出すために、広島県福山市の駅高架という不完全な境界を境界たらしめる、「境界としての建築」を提案する。

支部講評

都市を南北に分断している鉄道を一種の閾と捉えて、鉄道高架下の通路を南北の環境が出会うゲートとすることで、都市を分断されつつもつながった南北の併存的環境に再編しようという提案である。対象とされる4つの高架下通路は、それぞれの場所の南北での環境特性に応じて、自然・都市・建築・身体が呼応する環境変換装置として働くように計画されている。大規模な介入ではなく小さな介入によるという方法からか、高架下通路のデザインがやや表層の操作に傾いているものの、身体をともなう体験のレベルで都市のミクロな環境特性を読み込んで、それを広域での都市環境の再編へと接続しようという姿勢には可能性が感じられた。

（河田智成）

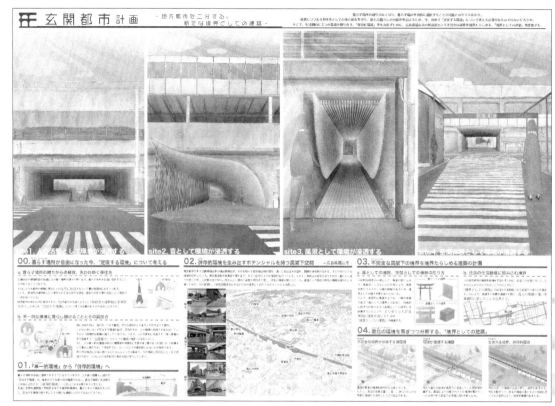

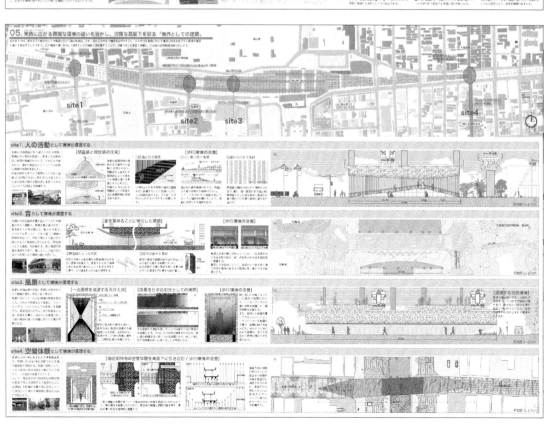

ねこのまほろば
－ノマドが支えるちいさなくらし－

大塩輝　　　　　堀悠華子
掛田巧　　　　　吉田絵理奈
早稲田大学

CONCEPT

島の猫たちが自立し持続可能なくらしをしていくための提案として、猫と人を結ぶ建築を提案する。

そのための設計手法として、①まちにある街区配置・建築のボリューム・練塀の転写②catモジュールを導入し猫のためのエレメントの設計③広場中央に注ぐ水路のデザイン、植物や水に多様な役割の付与の3つを行う。猫や人が自然と循環システムの中に取り込まれていき、猫のくらしを支えるシステムを構築する。

支部講評

農業と水産業を組み合わせたアクアポニックスという新しいサスティナブルなシステム、1cat＝30cmという猫モジュール、この地域に多くみられる練塀を用いた修景、人口減少と島外からの"ノマド"の流入、など、敷地の調査とヒアリングによって導かれた実に多くの興味深いコンセプトが込められた意欲的な提案である。猫と人間と自然との関係が、図面やパースによく描き込まれ、この建物の中で暮らす人間の体感が良く伝わってくる。猫モジュールでつくられたこの空間を、猫のアイレベルで体験してみたいと思った。また、猫は敷地境界を知らないので、このアクアポニックスのシステムを島全体で行うとどのようになるのだろうと想像した。

（土井一秀）

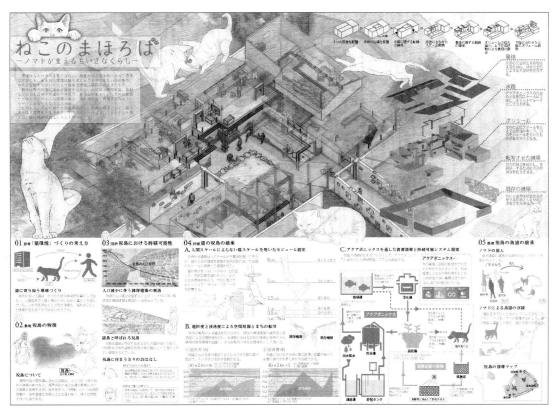

長生炭鉱を継ぐ

松岡達哉
隠崎嶺

広島大学

CONCEPT

本提案は、遺構にもなれず海に佇む産業廃棄物となっている、山口県宇部市の吸排気塔跡についての設計である。海底炭鉱での事故に対する慰霊空間を作る建築操作が、塔を補強し後世へ継いでいく役割も同時に担う。炭鉱で働いてきた方たちの努力の上に私たちは暮らしている。その事実を慰霊という行為を通じて人々は知覚し、そのことを胸に日常に戻っていく。2本の塔が人々の関心の対象である環境を作り出すことを目的とした。

支部講評

本作品から、プエブロインディアンのピットハウスが想起された。日本の竪穴式住居によく似た円形で掘立て形式の住居で、住まいイコール祈りの場である。屋根の開口部には出入の梯子がかかり、炉の煙が天にのぼる。内部にはシパプという穴が地中に開けられ、そこに耳を傾け先祖の声を聞き、話しかける。住まいは天と地を鉛直につなぐ慰霊の場であった。本作品には、時と場所は違えど、通底した空間性と祈りが込められている。現代人が失いつつある潮位や天体の動きを鋭敏に感じ取る環境的な技術に裏打ちされたランドスケープデザインは美しくかつ寡黙で見事だ。海に残された人々の魂を天空へと解放し、訪れた人々との交感の場所となるであろう。

（向山徹）

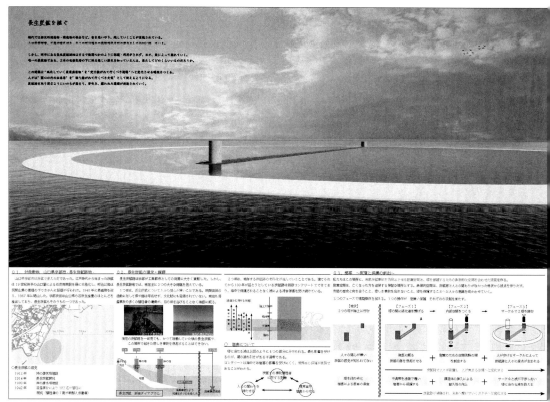

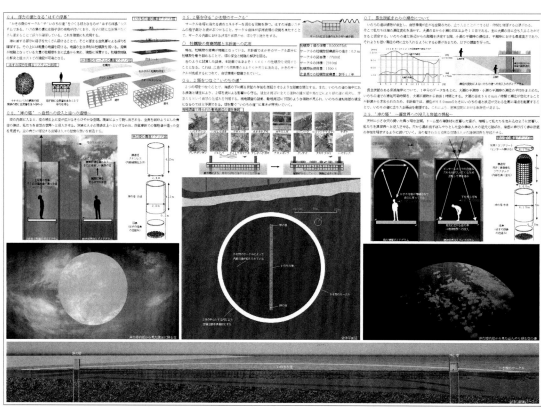

結点
−住民×来訪者×自然の涵養−

山口裕土　　　冨永大樹
瀬戸陽

島根大学

CONCEPT

住民と来訪者、自然の三者の関わりが薄れつつある島根県加賀において、その関係性を繋ぎ留め、育んでいくための拠点を提案する。かつて住民総出でこの地に作られた石積み堤防のように住民たちによってつくられた土壌サイクルを中心とした空間は自然を守り成長させ、同時に来訪者を招き寄せる。そして、拠点の軸線上に現れる人々の活動は海辺の風景に賑わいを取り戻し「住民×来訪者×自然」の関係性を再構築する。

支部講評

かつてこの場所に人工的につくられたコンクリート防波堤を、自然と人間の営みを調停する建築装置として再生する計画である。海と陸に住む動植物、海水や土壌の循環、近隣に居住する人と外部から来る人の関係、地域の歴史と産業などが、広範囲によく調査、研究されており、それら一つ一つが建築提案に結び付けられている。既存の堤防と一体となり、自然環境と人間の産業の間に付加された木造建築は、潮風を受け流す吹きさらしの軽やかな姿をしている。環境の中で循環するものの大きさやダイナミズムや永続性と、建築という人工物の繊細で儚いありようが、より対比的に表現されると、この提案の可能性がさらに明瞭になるのではないかと思われる。

（土井一秀）

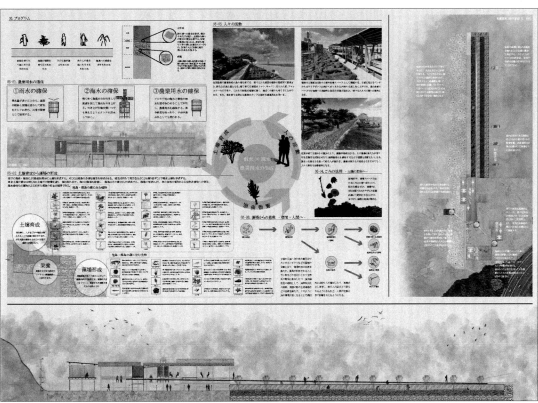

信仰の器、恩恵の雫

支部入選

岩男聖那　　　吉川実里　　　コウケンホウ
中根隆斗　　　原英里佳
和泉大雅　　　唐澤芙貴

東京理科大学

CONCEPT

現代社会では、多くの情報やモノに溢れ、利己的な社会の風潮が広まりつつある。その結果、古くからの自然を信仰し、恩恵を享受するという絶え間ない循環は現代では失われているのではないだろうか。我々はこの循環を「環境」と捉え、これを取り戻すために「信仰」を再認識する必要がある。そこで隠岐諸島中ノ島に機能を3つに分けた宿泊施設を提案する。固有の自然が残る中ノ島を巡る中で、自然や先祖などからの恩恵を再認識する。

支部講評

隠岐の島は悠久の地殻変動の痕跡が色濃く残る場所であり、ユネスコ世界ジオパークに選定されている。本作品は隠岐の雄大な自然の恩恵を建築によって顕在化し、人類が本来もちあわせていたであろう潜在的な感応力を引き出そうというものである。非日常的な大自然の中に人が落ち着けるかどうかは、その場所と人の動的な均衡状態をつくり出せるかどうかにかかってくる。本作品における自然のリズム・生命力・エネルギーという3つの力を引き出すための手慣れたデザイン・表現力は見事である。そのうえで欲をいえば、それぞれの場所との均衡状態をもたらす建築のかたちもしくはあり方の中に、人々の感覚を呼び覚ます更なる強さを求めたいところでもあった。

（向山徹）

支部入選

山車蔵の呼吸で息づく町
―町の核となる祭りの縮小に備えた建築―

白川英康　　　　小島宗也
粕谷しま乃　　　池田陸人

近畿大学

CONCEPT

広島県福山市鞆の浦は、江戸時代以前より栄えた歴史ある町で、祭りを中心としたコミュニティが今も続いており、「チョウサイ」に参加する7つの町がそれぞれ山車と山車蔵を持っている。祭りの為だけに備わっていた山車蔵の、位置的ポテンシャル、地形条件、周辺の自然環境を生かした蔵に再生することで、祭りがない日の町の新しい核となる建築をつくる提案。

支部講評

祭りの衰退という社会環境に着目し、地形や潮の干満などの自然環境を活かしながら環境装置としての建築を提案した力作である。祭りを取り巻く状況は、担い手不足や祭り自体の形骸化など全国で共通した課題となっている。対象地における課題の具体的な内容を調べ、解決すべき目標を明確にすると共に、自然環境や建築要素から解決手法を丹念に拾い上げ再構築している。山車蔵を単なる倉庫としてではなく、日常的に活用することでコミュニティの核とすると共に、祭り当日も拠点として再生する着眼点と発想が、本案の土台であり、対象地域の自然環境から各地区の蔵の立地条件まで細部に亘り提案を組み上げた精度が作品の質を向上させた。

（岡松道雄）

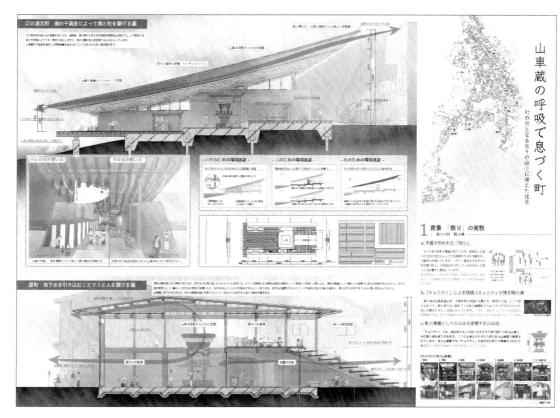

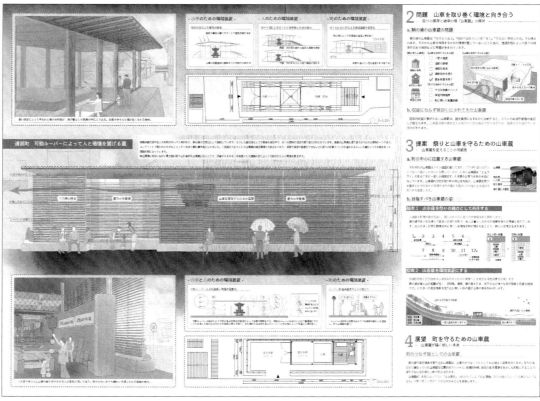

山車蔵の呼吸で息づく町
町の核となる祭りの縮小に備えた建築

1　背景　「祭り」の実態
― 祭りの町　鞆の浦 ―

2　問題　山車を取り巻く環境と向き合う
― 祭りの衰退と建物の「山車蔵」の環境 ―

3　提案　祭りと山車を守るための山車蔵
― 山車蔵を変えることの可能性 ―

4　展望　町を守るための山車蔵
― 町のつなぎ目としての山車蔵 ―

ひらいて、結んで、また ひらいて
～「ぜっぴ」から拡がるまちの拠りどころ～

一原林平　　　　　熊谷翔大
片山萌衣　　　　　川本乃永
近畿大学

CONCEPT

商店街が地域交流の起点としての役割を失いつつある現代で、対象敷地では住民が自主的に地域コミュニティを形成・運営している。それを建築により活性化させ、地域活動を可視化することを軸に、商店街の店舗を状況に応じて段階的に改修した。空きの多い2階部分を構造体のみ残し、通りに対し角度を振り壁を配置した。数種の壁を稼働させ、住民が自ら活動の場を形成する。商店街に新たな軸が形成され、より開かれた環境となる。

支部講評

現代社会において大型商業施設やネットショッピング、コンビニなどで買い物をすることが年齢を問わず一般的になってきた。日常に浸透しきっている「買い物」という無意識にといってもいいぐらい何気に行っている行為に違和感を覚え、その小さな感触から、日常の隙間にヒントを得て、さりげないアイデアではあるが非常にリアリティのある可能性を秘めた提案を行っている。

現在既に商店街で運営されている「ぜっぴ」という店舗運営方式、空き店舗の利用、簡易な空間操作、簡単に入手できる既成の建築素材など、この提案は既にある仕組みや簡単に入手できるものであえて構成され、実社会ですぐにでも実装できそうなディテールでデザインされている点が高く評価できる。

（中薗哲也）

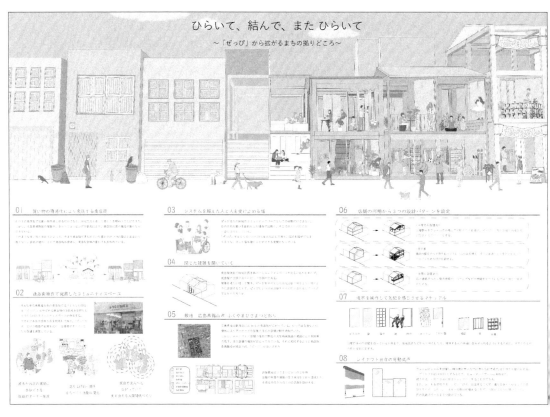

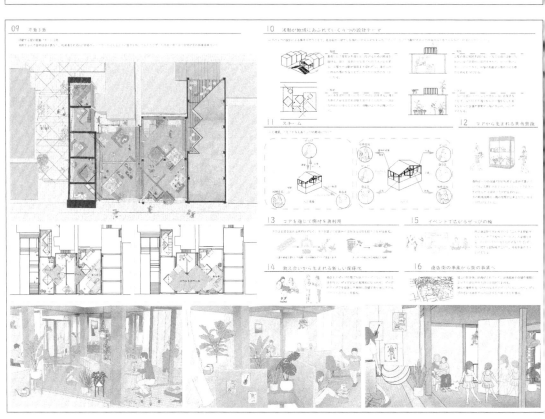

支部入選

縁で結わう景

瀬戸裕樹　　　　大呂直樹
岡本一希　　　　沈子楡

広島大学

CONCEPT

恵まれた気候のもと、牡蠣やじゃがいもなどの生産が盛んである広島県東広島市安芸津町。ここでは農家と商店街の人々の互助的な協働である"結（ゆい）"によって産業が支えられてきたが、人口減少などの影響を受けその小さなコミュニティは見られなくなり同時に、風景や産業といったさまざまなつながりも薄くなってしまったという。そのような今の環境だからこそ成り立つ小さなつながりを考え直すことでこれからの環境をつくりだす。

支部講評

じゃがいも畑の中の耕作放棄地に牡蠣殻葺きの屋根をつくることで、瀬戸内の海辺に人と産業のサイクルをつくり出す計画である。

ゴミになっていた牡蠣殻を屋根に載せ、そこに降る雨が大地にミネラルをもたらす。じゃがいもの秋の収穫祭には殻を下ろして粉砕して再び海の恵みとして還していく。この循環を担うのは地域の人々の互助的協働である「結」である。

お裾分けや物々交換、お手伝いのような金銭的対価によらない人々のつながりや労働の提供を「屋根をつくる」という行為で甦らせる。

いま改めて考えるべきテーマに思われる。

（原浩二）

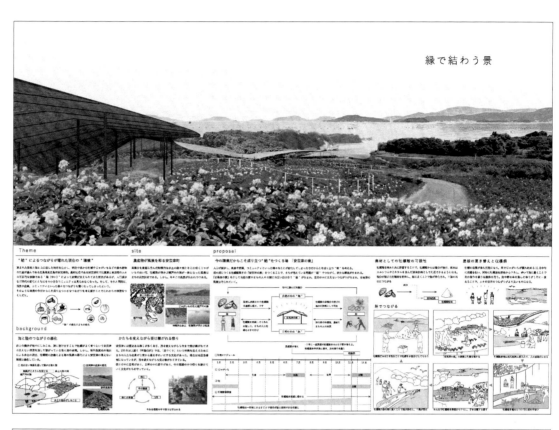

縁 で 結 わ う 景

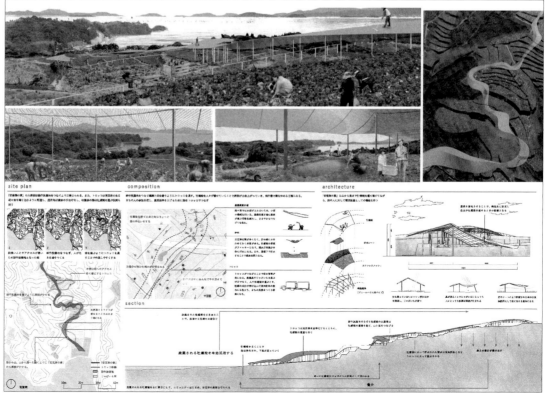

支部入選

水庭暮らし

平野三奈
福屋亮平

日本大学

CONCEPT

伝建地区は、過去の暮らしを想起させる特異な環境である。伝統的建造物以外の建物も町並みを構成してきた要素の一部であり、それらも含めて町は醸成してきた。余剰空間となり解体の対象とされる空き家・倉庫の減築によって、伝建地区の奥に新たな居場所を提案する。

減築の足場を残し、空き空間を繋げることで個人の所有から地域の所有へと転換する。減築により敷地境界を流れる水路が開かれ、建物の隙間に新たな環境が生まれる。

支部講評

伝統的建造物群保存地区に目立たないかたちで存在する伝統的建造物以外の空き家・倉庫にも、環境を構成する要素としての重要性を認めて、その減築・活用を足がかりに地区に新たな人間活動を導き入れようという提案である。地区の町家が備えている伝統的な空間構成や建具デザインから、空き家・倉庫の減築や内外をつなぐ手法を導き出して、伝建地区の建物の隙間に引かれていた水路に向けて空間を再編している。減築に用いる足場を、雨水や緑を絡めて環境調整と防火に活用するといった細部の計画もあいまって、敷地境界の隙間であった水路を新たな活動の場のよりどころへと転換するアイデアには可能性が感じられた。

（河田智成）

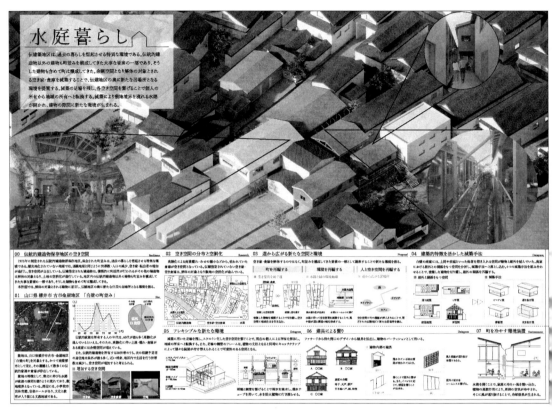

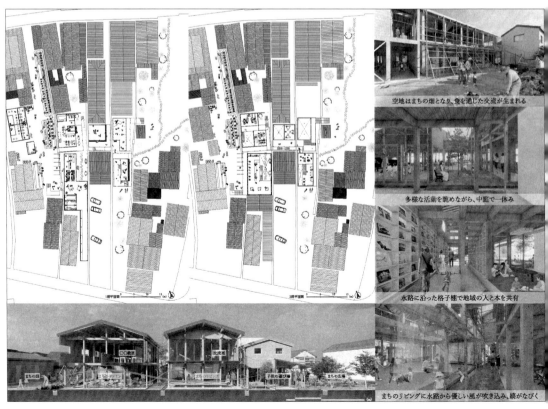

空地はまちの畑となり、食を通じた交流が生まれる

多様な活動を眺めながら、中庭で一休み

水路に沿った格子棚で地域の人と本を共有

まちのリビングに水路から優しい風が吹き込み、縁がなびく

してみれば

井上龍也
沈子楡

広島大学

CONCEPT

建築は、人が過ごすことのできる物理的な場所を提供する空間だけではなく、建築デザインによって外部環境と心の内の環境の狭間である空白の世界を作り出すことができる。それは普段見えないモノである心の内側にあるモノを見つめ直す場所になり、新たな見方、価値観、生き方を生み出す。そのとき、建築と環境は同じ意味を表す言葉となり、建築そのものが環境になる。詩のような世界を生み出すことができるのではないだろうか。

支部講評

環境を心の内側に見出し、その環境を建築空間がつくり出すという実存的建築を目指した意欲作である。設定した哲学的テーマに対して正面から向き合い、望ましく構築される空間の実現に向け素材や構法・ディテールにまで踏み込んだ力作でもある。捉えどころなく遷ろう人の気持ちを、辛うじて共感できるプロトタイプに象徴させ、形態化を試みたところに成功の鍵があったように見受けられる。素材選びやエンジニアリングによる解析手法も、納得を誘う手段として頷ける。周辺環境との曖昧なつながりや最下段への光の取り入れ方に、今一歩の踏み込みがあれば、さらに高次な心の内側に届いたかもしれない。さらなる展開が楽しみなアバンギャルドである。

（岡松道雄）

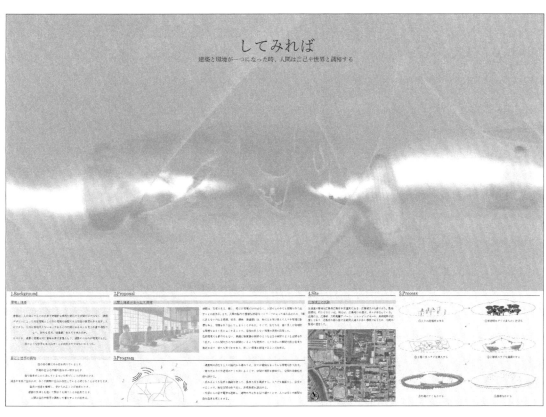

してみれば
建築と環境が一つになった時、人間は自己や世界と調和する

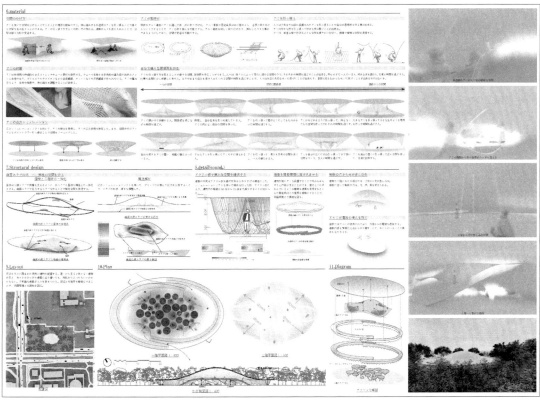

取り合う暮らし
－集落の築きを手懸かりにした小さな景の再編－

直井和希　　　横尾亮人
今泉祭里
大同大学

CONCEPT

石垣により、厳しい自然環境から自らの生活を守ってきた住民たち。長い年月の中で培ったさまざまな知恵と共に、石垣と向き合い暮らしを築いてきた。しかし、建築の性能が向上し、石垣が当初の目的を果たさなくなった今、石垣のある風景は形ばかりの観光資源へ変わりつつある。外へと向いていた住民たちの暮らしは、内へ閉じてしまった。私たちは、石垣がさまざまなモノやコトと取り合う状況こそを環境と捉え、石垣のある小さな景を再編していく。

支部講評

愛媛県南宇和郡愛南町の石垣の集落に屋根をかけるという行為で、生活を再編しようとする試みである。石垣とは個人の敷地を風雨から守るために個人の責任で造られた強固な領域設定である。一方、屋根は生活におけるもう一つの領域設定ともいえる。本案は親類のもち家だったであろう土地が、過疎化により空白になるも、石垣を跨いで屋根をかけることで、その領域設定を曖昧にし、のびやかで豊かな生活を誘発している。本案の特筆すべき点は、目を向けがちな観光や地域おこしといった過疎地域特有のうわついた視点でなく、地元の暮らしに真っ向から目をむけたところにある。

（齊藤正）

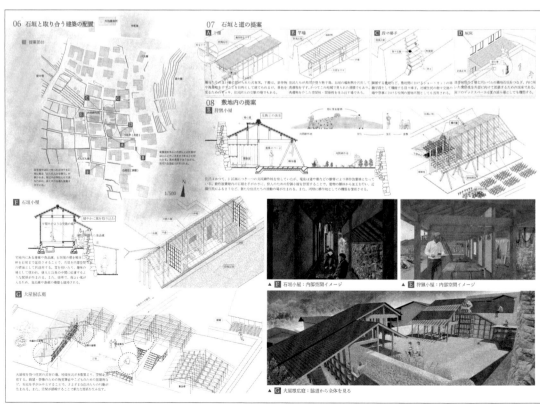

現実世界からの退却 <ruby>リトリート<rt></rt></ruby>

松尾優衣

福岡大学

支部入選

CONCEPT

都市の表。煌びやかに見えて何か悲しげな顔をしている。そんな都市の表側から異空間へとつながる扉を通って"退却"し、建物の裏側に森の中のような風景を作り出す。現在求められている創造的で柔軟な思考を促すために、"表の空間"の情報過多の空間に対して"裏の空間"の低刺激の空間を作った。都市の裏側に突如として現れるこの空間は都市と自然の融合を象徴する心身の健康と創造性を高める場所となっていく。

支部講評

都市を図（建物）と地（建物間の隙間・空地）で捉え、地の部分を自然要素によって整えることで、人工と自然が折り重なる新しい都市環境を創り出そうという提案である。いわゆる再開発的な手法ではなく、機能的な都市（表の世界）の副産物として生まれた不思議な隙間（裏の世界）に着目し、そこに異物をもち込むことで都市環境をアップデートしようとする考え方は面白い。ただ、提案されているプログラムや空間のイメージは少し短絡的で、裏の世界がもつ怪しげな魅力や可能性がうまく活かされていないように感じる。結果、描かれた都市環境が従来の再開発的な世界観（全て表の世界）に近いものに見えてしまう点が残念。

（鷹野敦）

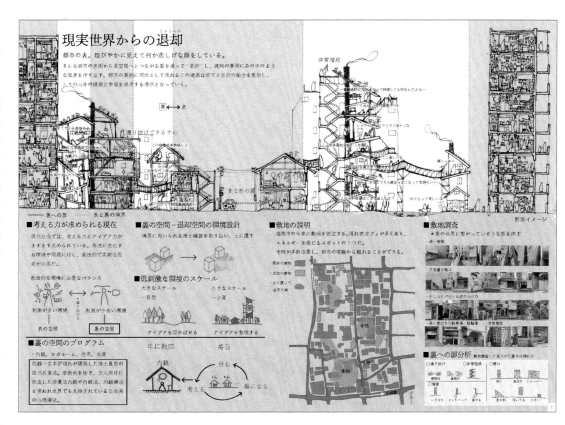

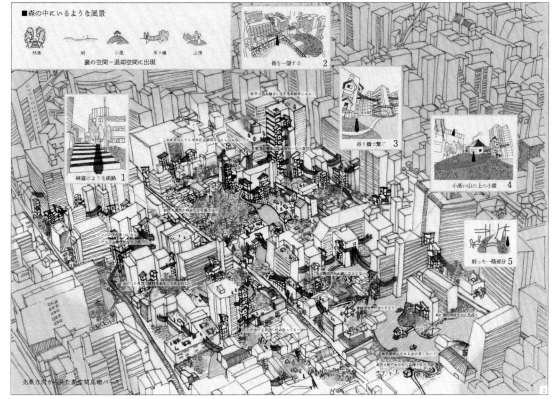

人と鶏が共生する建築
−地域でつくる養鶏場の提案−

支部入選

今村孔輝　　　　TAHERI HANIEH
古井悠介　　　　一ノ瀬早紀

熊本大学

CONCEPT

私たちの生活環境から切り離すことのできない家畜の存在。

現在鶏は、鳥インフルエンザの蔓延等を背景に地域から隔離され劣悪な環境のもと飼育されるようになった。

本提案では地域から出る廃材を住人の手で加工・組み立てを行い、チムニー型の建築により電力を生み出す、鶏と人が共生する環境を創造する。

鶏を介した新たな環境は鶏のマイナス要素を享受し、古くから集落等で行われてきた鶏と人の境界を超えた繋がりを生みだす。

支部講評

かつて国内のどこにでも見られた鶏とすごす環境に焦点をあて、その姿を現代の技術を用いて再定義したことを高く評価する。昨今の鳥インフルエンザによる鶏肉、鶏卵の供給が不安定になった原因が大規模畜産によるものであることに対する批評性にも惹かれた。一方でかつて庭先で飼育できていた鶏をこのように大規模な設えをしないと再定義することができないのかが疑問視された。また、「セルフビルド」「チムニー」「廃材利用」「市販材利用」といった既成の手法の集積で構成されていることにより、本来伝えたい内容が希薄になったようである。欲をいえばより小さな操作の鶏小屋が地域の中で沢山展開される環境も見てみたい。

（古森弘一）

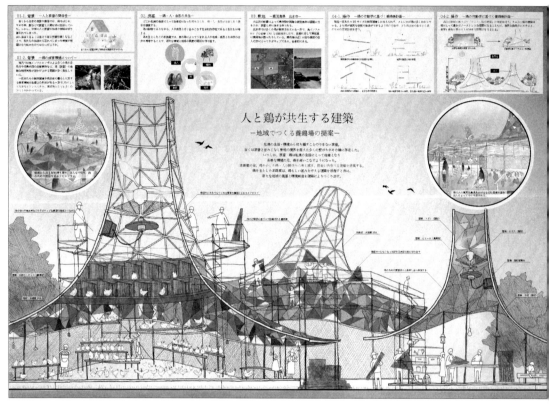

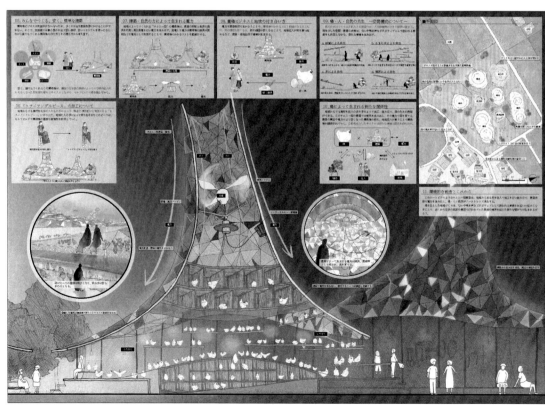

ほりわり暮らし
－段階的に住まいを開く堀割の再鼓動－

中村光汰　　　　田中直輝
香月万弥　　　　長畑真奈
大阪工業大学

CONCEPT

福岡県柳川は掘割を軸に、人々の生活に合わせながら発展してきた。しかし、現在は掘割は観光資源として利用されており、地域住民との関係に壁がつくられてしまった。掘割と地域住民との関係を再編するために、両者の間に引かれた境界を壊すのではなく、柔和させることで今一度、環境と人を繋げる建築を提案する。

支部講評

堀割（水路）が巡る特徴的な街の環境を、建築によって再び顕在化させようという提案である。交通機能が道路に移り、日常生活との結びつきが弱くなった堀割にデッキや東屋（建築要素）を設け、さらに周囲の建物をそこに開くように徐々に改築することで、水路を中心とした街に変えていこうというアイデアは共感できる。ただ、付加される建築要素が単調で、水路を介して観光客と住民が交わるという場のイメージは少し楽園的な印象を受ける。街に対して常に開けっ広げに暮らすのは簡単ではない。生活の生々しい側面を計画に盛り込む必要がありそうだ。

（鷹野敦）

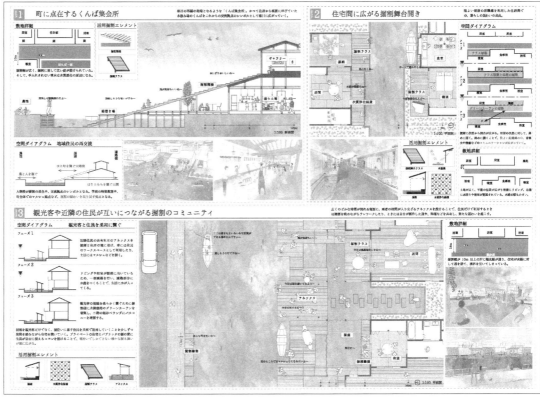

風に揺蕩う浮島建築
－諫早湾調整池の新たな水辺環境の提案－

瀬山華子　　　菅嶋瑛美
野口夕華
熊本大学

CONCEPT

諫早湾・潮受け堤防によりできた調整池では、排水門の開閉を巡った農業 - 漁業間の抗争や、水質悪化が問題となっている。そこで、浄化作用のある植物の栽培により水質改善を目指す「浮島建築」を提案する。池に浮かぶ建築群は、水質悪化の原因でもある風に合わせて形態や大きさを変化させ、その時々で多様な活動を生み出す。風に揺蕩う浮島建築が、負のイメージを持つ環境を活かし、改善しながら地域に新たな風景を生み出す。

支部講評

諫早湾の水質悪化の問題に対して、「植生浮島建築」が、水質改善をはかると共に、観光、農業、漁業、などにおいて地域との新しい関係を構築するという提案である。浮島のユニットは分離・連結や移動が可能で、帆の役割を果たすタープによって風を受けて進むことが可能である。また、浮島で栽培される植物は水中の窒素やリンを吸収し、水質改善がはかられる。風の向きや季節にあわせて変化する浮島群は新しい風景を構築する。構造体である鉄骨の腐食や、メンテナンスなど気になる部分も多いが、水上で農業を行うというアイデアは魅力的で、海と陸との新しい関係の可能性を示したものとして評価される。

（宮崎慎也）

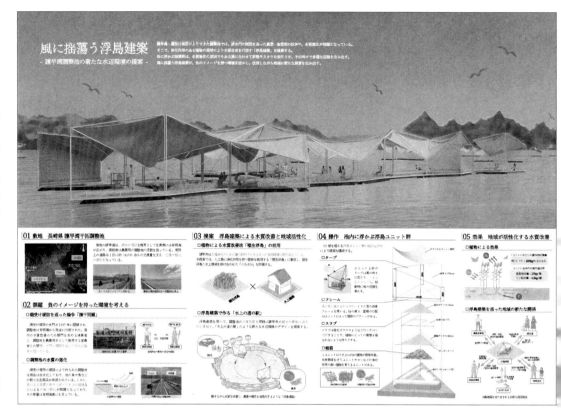

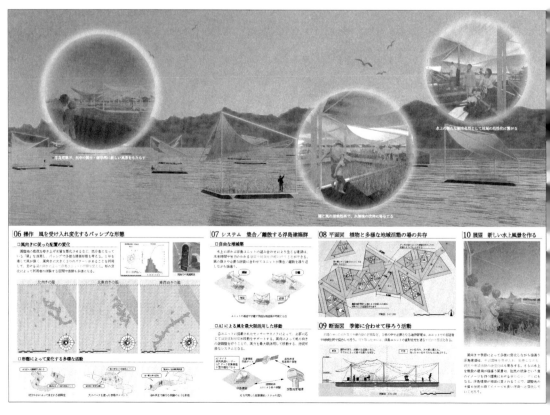

農地をむすんで、地域にひらいて
－耕作放棄地を共有農地として再編する－

鈴木綾巴　　　　　川端里穂
向松あゆみ
熊本大学

CONCEPT

本提案では、町の空白となっている耕作放棄地を共有農地として再編し、土地と土地・人と土地・人と人がつながる新たな環境を創る可動建築を提案する。

建築は多用途の農業布教ツールとなって町に広がり、周囲に点在する耕作放棄地でイベントを開催したり、移動販売をしたりする。こうして周辺環境を巻き込んだ農業ネットワークが生まれ、耕作放棄地は地域コミュニティの中心となり、創造的な関係を生み出す。

支部講評

ある郊外に広がるのどかな風景に目を向け、開発を抑制されながらも主たる機能を果たせないままでいる耕作放棄地を対象とした視点の鋭い提案。広大な範囲に数えきれない程存在する放棄地に対し、一点ではなく複数同時改善を実行するために可動建築を提案すること、ユニット群により細やかなネットワークを構築することで、段階的なコミュニティへのフォローアップ・ビルドアップに大きく貢献している。雨水利用のための集水装置と賑わい創出のための開かれた間口を担う単純な造形には明るい未来を期待するには少し単調すぎるとの指摘も出ていたが、厳しい現実を確かに更新していくための原型と捉えることでその発展可能性に大きく期待したい。

（山田浩史）

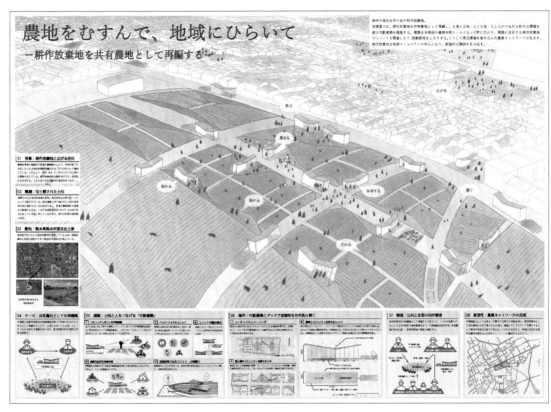

結まわるをハコぶ
沖縄県伊是名集落を対象として

赤石健太　　　　茂野恵大
馬場祐希　　　　宮尾直希
日本大学

CONCEPT

沖縄県の伊是名集落は古き良き景観が残るが、改修による景観の喪失と空き家が問題となっている。空き家の廃材を利用し、集落内で運搬可能なS・M・Lサイズのユニットを琉球民家の構法と寸法を用いて作成し、組み合わせて建築をつくる。現地で感じたユイマールの精神と地域の文化を解釈し、その地域らしさを設計した。空き家の増加と共に、美しい景観を取り戻し、日常に溶け込んだユニットは徐々に集落全体に広がっていく。

支部講評

人口減少下の集落で、空き家が増え、新築は伝統的でない素材・形態でつくられ、景観が壊れていくという風景は各地で見られる。この作品は沖縄の集落を舞台に、空き家の廃材でユニットをつくり、伝統的な文脈をもちつつ新しい景観をつくり出していこうという提案である。木材の流通が困難な島という環境も、廃材を利用するという提案を後押ししている。3タイプのユニットは一人でもてるものからトラックで運ぶものまであり、それらのユニットを通して人と人が結ばれるという効能も意図されている。ただ2枚目の実施例はユニットである必然性が薄いものが多く、ユニット化したことによる形態についてもう少し練られているとさらに良かった。

（安武敦子）

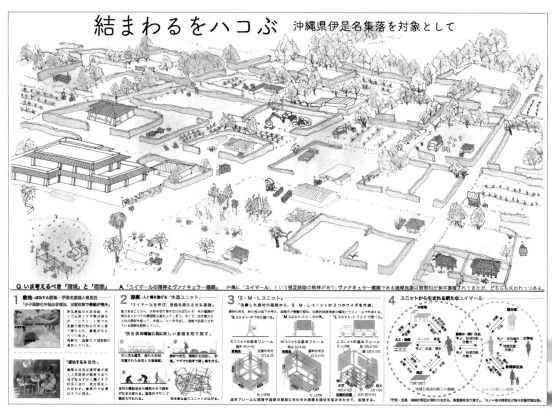

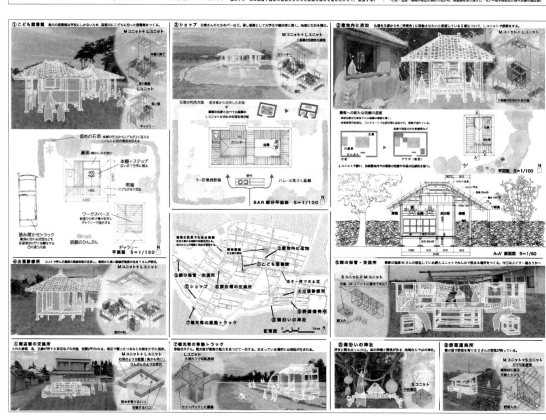

支部入選

環と群生
－深島の渚に息づく生態系の緩衝地－

川村唯　　　　　下地言奈　　　　　岩尾拓武
中矢桂太　　　　尹詩超　　　　　　山田こころ

日本文理大学

CONCEPT

本提案は、大分県蒲江の深島の渚を中心とした、海と陸が緩衝しあう地域交流施設である。

深島は、海には海水魚やサンゴの群生、そして地上には猫や鳥など、さまざまな生態系が広がる地域。そんな深島の海と陸が混じりあう渚に大きな「環」を置き、壁を入れ、その環を海に向かって緩やかに傾ける。生まれた空間には人が生活し、鳥は羽を休めに訪れ、海底ではサンゴが住みつく。そうしてこの環は、海と島の新たな環境を育んでいく。

支部講評

豊後水道に浮かぶ島の渚につくられた環状の地域交流施設である。その建物の輪は既存の集落と比べてもかなり大きく、一見暴力的な計画に見える。しかし破壊する建築ではなく、遺跡のようでもあり、海のサンゴの群生や、地上の猫や鳥などに寄り添いつつも、それらを楽しみながら意識化し、この島の豊かさを享受できる提案になっている。多くの場は少ない空間操作によって建築が機能を発揮しているが、一つ、海底プロムナードだけはマスとして大きく、暴力的な気配があり矛盾を感じる。敢えてそうしたのか、歩くのではなく泳ぐではだめだったのか、建築の中を歩くことを選んだのはなぜか、その説明がほしい。

（安武敦子）

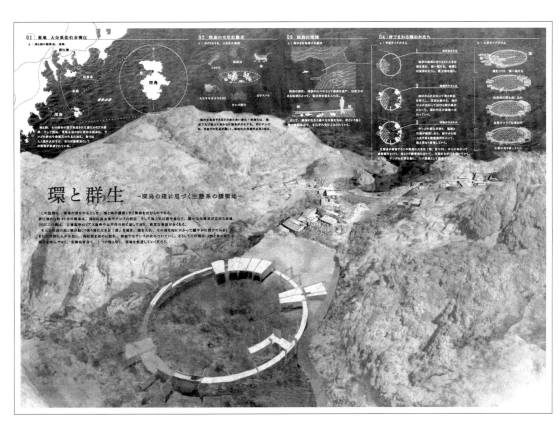

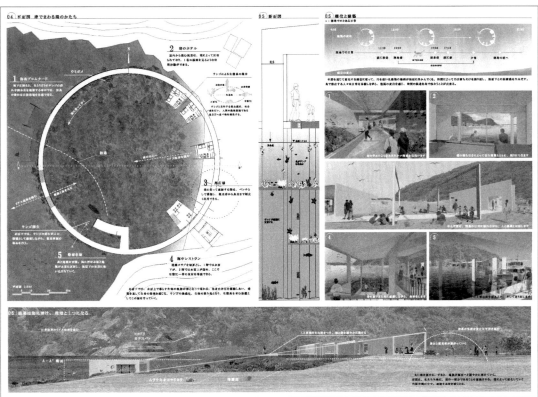

熱と巡る、

用松慧哉　　　濱野敬通
西原佳那
福岡大学

CONCEPT

現代の人々はスマートフォンを常に持ち歩いているため、身近で正確に得られる情報が主となり感覚的な出来事に気づきにくい環境となっている。

本提案では、大分県別府市を敷地に感覚を頼りに人と建築が一体となる環境をつくる。別府の豊富な熱源を火山をメタファーとしたモジュールにより建築そのもので感じられる空間とする。感覚を研ぎ澄ませて巡る人の動きは意図せず起こる体験や会話から新たな発見や出会いを生むだろう。

支部講評

昨今のスマートフォンに頼り、デジタル化された情報を辿っていく観光のあり方に疑問を感じ、メディアの情報と縁を切り、感覚を頼りにする場所の提案である。地熱や雨水の利用により、エレメントの温度に変化をもたらし、その輻射熱や触れた時の触覚がこの人工的につくった環境からのメッセージである。また、極力視覚情報を減らすため開口部を制限し、蛇籠の隙間から漏れる光を頼りにしている点も評価された。そのような空間体験の価値は理解できるが、それによる効果として新たな発見や観光客と地域住民の出会いがどのようなものであるかを具体的にイメージすることができなかった点が悔やまれる。

（古森弘一）

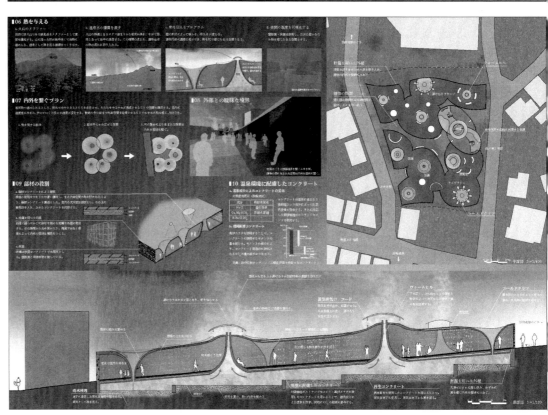

はかたまちいくえん
～都心部における子ども環境の再考～

林田章吾　　　　畑板梢
湯免鮎美
九州大学

CONCEPT

かつて町人の街だった博多では子どもは大人の背中を見て育った。しかし、現在進行形で進んでいる高度な都市化により、子どもは街から隔離されている状態である。本提案では空室が目立つ複合オフィスビルのペリメーターゾーンを保育園にコンバージョンし、子どもが大人の活動を見ながら成長する複合保育園ビルを計画する。隅角部にうまれた街のような交流空間では、かつての大人と子どもの関わりが再び生まれる。

支部講評

オフィスビルのペリメーターゾーンを保育園として使おうという提案である。オフィスの屋内環境としてはネガティブなペリメーターを、実は自然エネルギーに満ちたポジティブな環境だと発見した視点が素晴らしい。さらに、その環境を最も自然エネルギーが必要な子どもたちに与えることで、都市や建築が抱える課題（都市部の好ましくない保育環境、オフィス空間の熱負荷の軽減など）を一石二鳥で解決しようとする計画も秀逸である。働く大人と遊ぶ子どもが交わる仕組みも考えられており、楽しく新しいオフィス環境をイメージさせる。そして何より、子どもたちの元気な姿がつくる街のファサードには大きな希望を感じる。実際にできるとよいなと思わせる秀作である。

（鷹野敦）

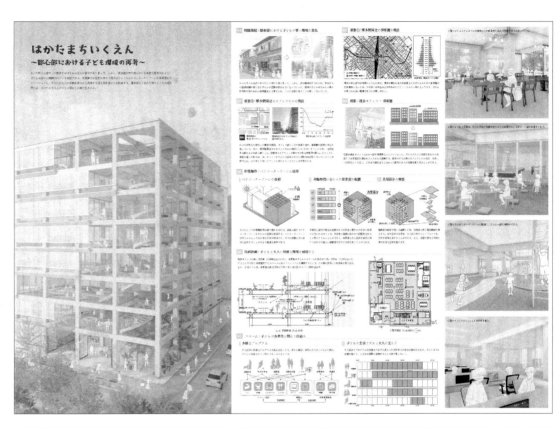

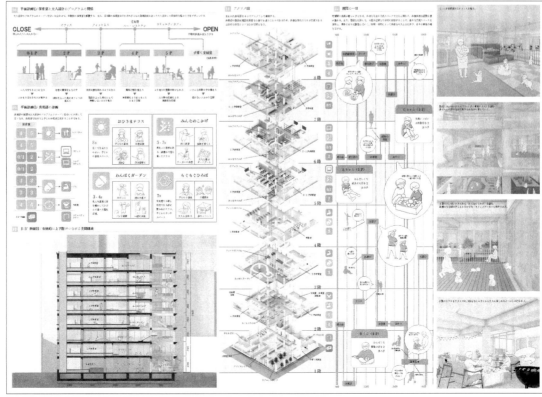

支部入選

ビルを纏う
連動的な減・増築の反復から創造される都市環境の可能性

入江匠樹　　　　塩田一光
河室駿平
熊本大学

CONCEPT

福岡市天神では「天神ビッグバン」によるビルの大規模な建替え、高層化が進行している。高さ制限による天神特有の低層都市は、そこにあった地域性や豊かさを失いつつある。

そこで本提案では、DXを活用した事業主の連携システムと既存ビル群の段階的な減・増築デザインによるランドスケープ的な都市環境を創造する。天神の都市空間は人や建築だけでなく土木や交通システムなどとも創造的な関係を構築しながら環境を更新していく。

支部講評

これまで都市部において採用されることのない減築を行いながら、建物上層部を軽量化し、そこで生まれる容積率の余りを低層部に移し、耐震性を向上させる計画である。そのような増減築を繰り返すことにより、単調で画一的な天神地区のスカイラインを有機的なものに変えていく視点に興味が集まり、評価された。一方で手法は単純で理解しやすいが、現実的な問題として減築を実現するには、所有者や入居者を含め、かなりのエネルギーを伴う合意形成が求められる。その苦労が想像できてしまうだけに、「他ビルの減築廃棄物から増築」といった安易な表現にも疑問が残った。必ずしも実現することをイメージさせる必要はないが、この提案による環境に与えるインパクトに匹敵する新たな豊かさを見てみたい。

（古森弘一）

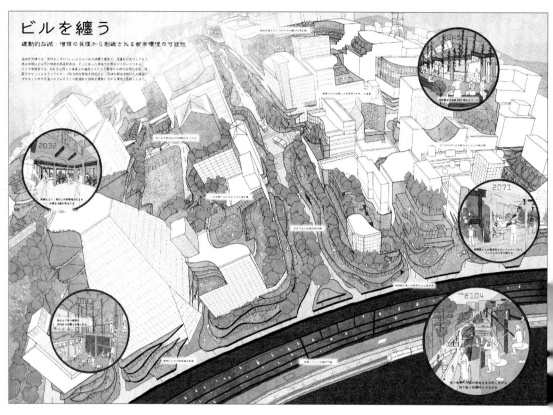

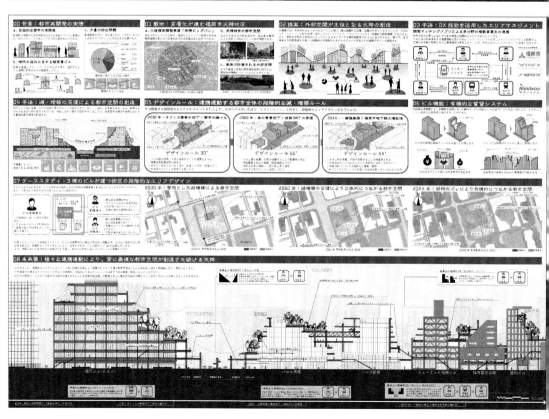

灌漑と建築
かんがい

藤田結
後藤健志

熊本大学

CONCEPT

農業はかつてコミュニティを形成する大きな要素であった。人と人との関係性が薄れる現代都市においても、農はコミュニティを形成する要素となりうるのではないか。

熊本市の中心地には農地へと水を供給する灌漑用水路が存在する。これを環境と捉え再編を試みた。都市の要素と、農の要素を建築に落とし込むことで、灌漑が都市と農の中間領域となる。多様な主体が灌漑を通して農に触れることで、都市に新しいコミュニティが広がる。

支|部|講|評

都市の灌漑水路が、水をただ供給するだけになっていたり、何の役割ももたないものであったり、することに着目し、水路沿いに「都市の要素」「農の要素」を兼ね備えた建築物を構築し、これをコミュニティの場として機能させようとする試みである。灌漑水路をまたぐシェアキッチン、バス停農園、ビニール教室など、農と都市的要素が混じりあったユニークなプログラムが提案されており、冗長な都市空間に変化を生み出す働きをしている。農業で利用される仮設的な部材を利用することによって、重くなりすぎず気軽に利用できる空気を生み出している。運営主体などの想定はやや曖昧に感じられるが、リアリティの感じられる提案で評価される。

（宮崎慎也）

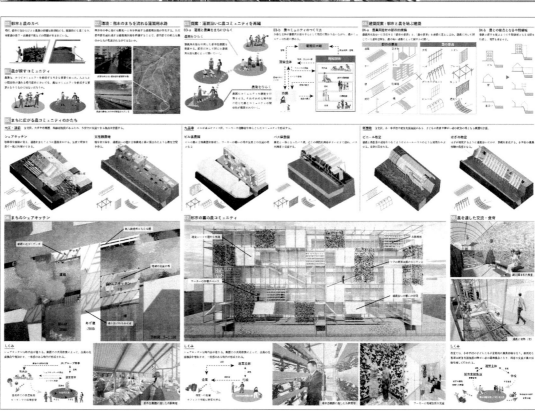

道縫う暮らし

福田成貴
真鍋那奈子

熊本大学

CONCEPT

情報化が進む現代社会において、私たちの暮らしは常に多様性を生み出し、自由自在にかつ簡略的に他者との距離感を構築することが可能となった。一方で物理的な家はどうだろうか。要塞化されたハコの中で人々の生活は完結しており、身動きができずに地に居座っていることから、住環境の過渡期にあるといえるのではないか。

支部講評

歴史的な町家が並ぶ地域に対し、住環境の構成要素を町家の基本構成に連動させながら一つの住居から外部に拡張させることで、家族を中心としたコミュニティの輪郭を捉え直す提案。細やかなリサーチから展開されるひとつながりの帯状建築は、閉塞的で活力を失いつつある町並みの中に豊かなシークエンスを創出することを期待させる。一方、表現される立体空間はスケール感が少し大きすぎであり、果たして町家のエレメントがどのように展開されたのかが想像しきれない印象である。CGの表現も大規模開発の様相を若干呈しているため、本来構想しようとしていた多様な家族のカタチをきちんと描くスタンスに戻って描き直してみるとよい。

（山田浩史）

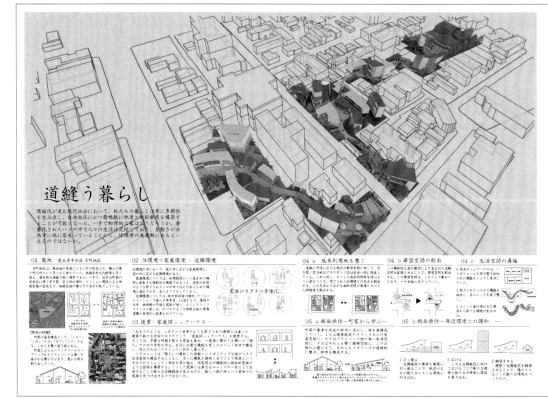

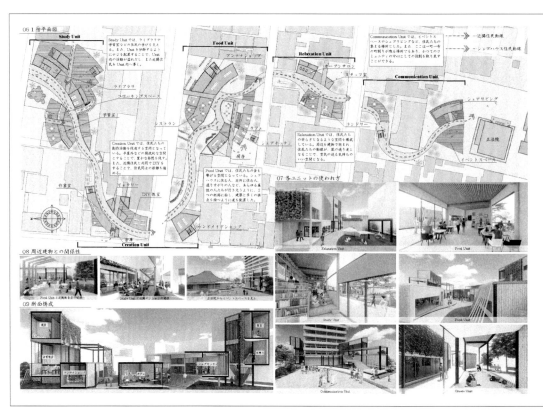

応募要領
[課題] 環境と建築

〈主催〉　日本建築学会

〈後援〉　日本建設業連合会
　　　　日本建築家協会
　　　　日本建築士会連合会
　　　　日本建築士事務所協会連合会

〈主旨〉

　建築は環境の中にたち、そしてそこに、新しい環境を創り出します。建築は、どういう環境を創り出せるのでしょうか。

　今、私たちは、どういう環境について考えることが大切なのでしょうか。そしてその環境の中に、どういう建築を作ることができるか、提案してください。抽象的な環境ではなく、街や通り、自然など、具体的な周辺環境を設定して、建築を提案してください。建築と環境がどのような創造的な関係を生み出せるか、建築が環境創造にどう関われるか、いろいろな提案を楽しみにしています。

（審査委員長　妹島　和世）

〈応募規定〉

A．課題

　環境と建築

B．条件

　具体的な計画対象地を設定すること。

C．応募資格

　本会個人会員（準会員を含む）、または会員のみで構成するグループとする。なお、同一代表名で複数の応募をすることはできない。

※未入会の場合は、入会手続きを完了したうえで応募すること。ただし、口座振替の場合は、2023年4月20日（木）までに入会手続きを完了すること。（応募期間と異なるためご注意ください。）

※未入会者、2023年度会費未納者ならびにその該当者が含まれるグループの応募は受け付けない。応募時までに完納すること。

D．提出物

　下記3点を提出すること。

a. 計画案のPDFファイル

　以下の①〜④をA2サイズ（420×594㎜）2枚に収めた後、A3サイズ2枚に縮小したPDFファイル。（解像度は350dpiを保持し、容量は合計20MB以内とする。PDFファイルは1枚目が1ページ目、2枚目が2ページ目となるように作成する。A2サイズ1枚にはまとめないこと。）模型写真等を自由に組み合わせ、わかりやすく表現すること。

① 設定した計画対象地の周辺環境を具体的に示すこと
② 設計主旨（文字サイズは10ポイント以上とし、600字以内の文章にまとめる）
③ 計画条件・計画対象の現状（図や写真等を用いてよい）
④ 配置図、平面図、断面図、立面図、透視図（縮尺明記のこと）

b. 作品名および設計主旨のPDFファイル

　所定の書式をダウンロードし、「a. 計画案のPDFファイル」に記載した作品名と設計主旨の要約（200字以内とし、図表や写真等は除く）をA4サイズ1枚に収めること。なお、容量は20MB以内とする。

c. 顔写真のJPGファイル

　横4cm×縦3cm以内で、共同制作者を含む全員の顔が写っているもの1枚に限る。なお、容量は20MB以内とする。

※提出物は、入選後に刊行される『2023年度日本建築学会設計競技優秀作品集』（技報堂出版）および『建築雑誌』の入選作品紹介の原稿として使用します。

E．注意事項

①2021年度より、応募方法がWeb応募に変更となりました。募集ページに掲載する「応募サイト」上での応募者情報の入力および提出物のデータ送信をもって応募となります。締切後の訂正は一切できず、提出物のメール添付やCD-R等での郵送、持参は受け付けません。※詳細は「F.応募方法および応募期間」や募集ページ参照。

②応募要領の公開後に生じた変更事項や最新情報については、随時募集ページ上に掲載します。実際に応募する前に確認してください。

③「D. 提出物」には、氏名・所属などの応募者が特定できる情報（ファイル作成者等も含む）を記載してはいけません。なお、提出物は返却いたしません。

④応募作品は、未公開で未発表の応募者自身によるオリジナル作品であること。

他の設計競技等へ過去に応募した作品や現在応募中の作品（二重応募）は応募できません。

⑤応募作品は、全国二次審査会が終了するまで、あらゆる媒体での公開や発表を禁じます。

⑥入選者には、入選者の負担で展示パネル等を作成していただく場合があります。

⑦応募要領に違反した場合は受賞を取り消す場合があります。

⑧新型コロナウイルス感染症等の影響により、全国二次審査会の開催方法等を変更する場合があります。

F．応募方法および応募期間

①応募方法

　後掲の募集ページへ掲載する要領等を確認のうえ、「応募サイト」より応募ください。

②応募支部

　「応募サイト」の"応募支部"では、計画対象の所在地を所轄する本会各支部を選択してください。例えば、関東支部所属の応募者が計画対象の所在地を東北支部所轄地域内に設定した場合は、東北支部を選択してください。計画対象の所在地を海外に設定した場合は、応募者が所属する支部を選択してください。応募先の支部にて支部審査を行うため、応募支部に誤りのある場合は、審査対象外となる場合もありますのでご注意ください。なお、本会各支部の所轄地域は、「J.問合せ」②をご参照ください。

募集ページ：
https://www.aij.or.jp/event/detail.html?productId=674414

③応募期間

　2023年5月12日（金）〜6月12日（月）16:59（厳守）

G．審査方法

①支部審査

　応募作品を支部ごとに審査し、応募数が15件以下は応募数の1/3程度、16〜20件は5件を支部入選とする。また、応募数が20件を超える分は、5件の支部入選作品に支部審査委員の判断により、応募数5件ごと（端数は切り上げ）に対し1件を加えた件数を上限として支部入選とする。

②全国審査

支部入選作品をさらに本部に集め全国審査を行い、「H.賞および審査結果の公表等」の全国入選作品を選出する。

1）全国一次審査会（非公開）

全国入選候補作品とタジマ奨励賞の決定。

2）全国二次審査会（公開）

全国入選候補者によるプレゼンテーションを実施し、その後に最終審査を行い、各賞と佳作を決定する。代理によるプレゼンテーションは認めない。なお、タジマ奨励賞のプレゼンテーションは行わない。

日時：2023年9月13日（水）
　　　9:30〜16:15
場所：京都大学（大会会場：京都市左京区吉田本町）

※大会参加費、旅費等の費用負担は一切いたしません。

プログラム：
　9:15〜開場
　9:30〜11:15 全国入選候補者による
　　　　　　　プレゼンテーション

※発表時間は8分間（発表4分、質疑4分）です。PCプロジェクターは主催者側で用意します。パソコン等は各自でご用意ください。

　12:15〜14:15 公開審査
　15:30〜16:15 表彰式

※プログラムは、大会スケジュールにより時間が多少前後する場合があります。

③審査員（敬称略順不同）

〈全国審査員〉

委員長

妹島　和世（妹島和世建築設計事務所主宰）

委員

石塚　和彦（石塚和彦アトリエ一級建築士事務所代表）

畑江　未央（日本設計建築設計群）

平田　晃久（京都大学教授）

藤村　龍至（東京藝術大学准教授）

吉村　真基（吉村真基建築計画事務所｜MYAO代表）

渡辺　菊眞（高知工科大学准教授）

〈支部審査員〉

●北海道支部

赤坂真一郎（アカサカシンイチロウアトリエ代表取締役）

久野　浩志（久野浩志建築設計事務所代表）

小西　彦仁（ヒココニシアーキテクチュア代表取締役）

松島　潤平（北海道大学准教授）

山田　良（札幌市立大学教授）

山之内裕一（山之内建築研究所代表）

●東北支部

井上　貴詞（井上貴詞建築設計事務所代表取締役）

大沼　正寛（東北工業大学教授）

坂口　大洋（仙台高等専門学校教授）

佐藤　芳治（都市デザインワークス理事・事務局長）

安田　直民（SOYsource建築設計事務所取締役）

●関東支部

鈴木　教久（梓設計アーキテクト部門BASE01ゼネラルマネージャー）

竹内　雅彦（清水建設設計本部プリンシパル）

冨永　美保（tomito architecture共同代表）

針谷　將史（針谷將史建築設計事務所代表）

連　勇太朗（明治大学専任講師）

●東海支部

岩月　美穂（studio velocity一級建築士事務所共同主宰）

佐藤　一郎（愛知県建築局公共建築部住宅計画課企画グループ主査）

白川　在（金城学院大学准教授）

田井　幹夫（静岡理工科大学准教授）

西口　賢（西口賢建築設計事務所代表）

●北陸支部

佐藤　考一（金沢工業大学教授）

清水　俊貴（福井工業大学准教授）

寺内美紀子（信州大学教授）

棒田　恵（新潟大学准教授）

宮下　智裕（金沢工業大学教授）

横山　天心（富山大学准教授）

●近畿支部

大澤　智（日建設計設計部門設計グループダイレクター）

落合　知帆（京都大学准教授）

小幡　剛也（竹中工務店大阪本店設計部設計第3部長）

鈴木　広隆（神戸大学教授）

三宗　知之（東畑建築事務所本社オフィス大阪副代表）

●中国支部

岡松　道雄（山口大学教授）

河田　智成（広島工業大学教授）

土井　一秀（近畿大学教授）

中薗　哲也（広島大学准教授）

原　浩二（原浩二建築設計事務所所長）

向山　徹（岡山県立大学教授）

●四国支部

東　哲也（建築設計群無垢代表取締役）

齊藤　正（齊藤正轂工房代表取締役）

中川　俊博（中川建築デザイン室代表取締役）

二宮　一平（二宮一平建築設計事務所所長）

●九州支部

鷹野　敦（鹿児島大学准教授）

古森　弘一（古森弘一建築設計事務所代表取締役）

宮崎　慎也（福岡大学准教授）

安武　敦子（長崎大学教授）

山田　浩史（北九州市立大学講師）

H. 賞および審査結果の公表等

①賞

1）支部入選：支部長より賞状および賞牌を贈る（ただし、全国入選者・タジマ奨励賞は除く）。

2）全国入選：次のとおりとする（合計12件以内）。

●最優秀賞：2件以内
　　　賞状·賞牌·賞金（計100万円）

●優秀賞：数件
　　　賞状·賞牌·賞金（各10万円）

●佳作：数件
　　　賞状·賞牌·賞金（各5万円）

3）タジマ奨励賞：タジマ建築教育振興基金により、支部入選作品の中から、準会員の個人またはグループを対象に授与する（10件以内）。
　　　賞状·賞牌·賞金（各10万円）

②審査結果の公表等

・支部審査の結果：各支部より応募者に通知（7月13日以降）

・全国審査およびタジマ奨励賞の結果：本部より全国一次審査結果を支部入選者に通知（8月上旬）

・全国入選者表彰式：9月13日（水）京都大学（大会会場）

・全国入選作品・審査講評：『建築雑誌』ならびに本会Webサイトに掲載

・全国入選作品展示：大会会場等にて展示

I. 著作権

応募作品の著作権は、応募者に帰属する。ただし、本会および本会が委託したものが、この事業の主旨に則して『建築雑誌』・本会Webサイトへの掲載、紙媒体出版物（オンデマンド出版を含む）および電子出版物（インターネット等を利用し公衆

に送信することを含む）、展示などに用いる場合は、無償でその使用を認めることとする。

　なお、著作権の侵害等の問題は応募者が全ての責任を負う。提出物に使用する写真等は他者の権利を侵害しないよう十分注意すること。

J．問合せ
①応募サイトに関する問合せ
日本建築学会支部共通設計競技電子応募受付係
　TEL.03-3456-2056
　E-mail sskoubo@aij.or.jp

②その他の問合せ、各支部事務局一覧
　　［計画対象地域］

日本建築学会北海道支部
　［北海道］
　TEL.011-219-0702
　E-mail aij-hkd@themis.ocn.ne.jp

日本建築学会東北支部
　［青森、岩手、宮城、秋田、山形、福島］
　TEL.022-265-3404
　E-mail aij-tohoku@mth.biglobe.ne.jp

日本建築学会関東支部
　［茨城、栃木、群馬、埼玉、千葉、東京、神奈川、山梨］
　TEL.03-3456-2050
　E-mail kanto@aij.or.jp

日本建築学会東海支部
　［静岡、岐阜、愛知、三重］
　TEL.052-201-3088
　E-mail tokai-sibu@aij.or.jp

日本建築学会北陸支部
　［新潟、富山、石川、福井、長野］
　TEL.076-220-5566
　E-mail aij-h@p2222.nsk.ne.jp

日本建築学会近畿支部
　［滋賀、京都、大阪、兵庫、奈良、和歌山］
　TEL.06-6443-0538
　E-mail aij-kinki@kfd.biglobe.ne.jp

日本建築学会中国支部
　［鳥取、島根、岡山、広島、山口］
　TEL.082-243-6605
　E-mail chugoku@aij.or.jp

日本建築学会四国支部
　［徳島、香川、愛媛、高知］
　TEL.0887-53-4858
　E-mail aijsc@kochi-tech.ac.jp

日本建築学会九州支部
　［福岡、佐賀、長崎、熊本、大分、宮崎、鹿児島、沖縄］
　TEL.092-406-2416
　E-mail kyushu@aij.or.jp

【優秀作品集について】
　全国入選・支部入選作品は『日本建築学会設計競技優秀作品集』（技報堂出版）に収録し刊行されます。過去の作品集も、設計の参考としてご活用ください。

＜過去5年の課題＞

・2022年度
「「他者」とともに生きる建築」

・2021年度
「まちづくりの核として福祉を考える」

・2020年度
「外との新しいつながりをもった住まい」

・2019年度
「ダンチを再考する」

・2018年度
「住宅に住む、そしてそこで稼ぐ」

＜詳細・販売＞
技報堂出版
　https://gihodobooks.sslserve.jp/

入選者・応募数一覧

■全国入選者一覧

賞	会員	代表	制作者	所属	支部
最優秀賞 タジマ奨励賞	準会員	○	坂田　愛都	熊本大学	九州
	〃		古賀　凪	熊本大学	
	〃		光永　周平	熊本大学	
優秀賞	正会員	○	幸地　良篤	京都大学	近畿
	〃		山井　駿	京都大学	
優秀賞 タジマ奨励賞	準会員	○	髙橋　知来	愛知工業大学	四国
	〃		方山　愛梨	愛知工業大学	
	〃		渡部　美咲子	愛知工業大学	
優秀賞 タジマ奨励賞	準会員	○	髙安　耕太朗	東京理科大学	関東
優秀賞	正会員	○	中嶋　海成	福井大学	北陸
	〃		井上　泰志	福井大学	
	準会員		内藤　三刀夢	福井大学	
佳作	準会員	○	石井　彩香	大阪市立大学	四国
	正会員		橋本　健太郎	大阪公立大学	
	〃		佐竹　亜花梨	大阪公立大学	
	〃		小田　裕平	大阪公立大学	
	〃		細川　若葉	大阪公立大学	
佳作	正会員	○	大谷　大海	室蘭工業大学	北海道
	〃		佐々木　紀之佑	室蘭工業大学	
	〃		藤谷　健太	室蘭工業大学	
佳作	正会員	○	佐竹　亜花梨	大阪公立大学	近畿
佳作 タジマ奨励賞	準会員	○	中川　桜	長岡造形大学	北陸
	〃		原　陸	長岡造形大学	
	〃		市村　ともか	長岡造形大学	
	〃		杉谷　望来	長岡造形大学	
	〃		佐野　芽衣子	長岡造形大学	
佳作 タジマ奨励賞	準会員	○	中島　崇晃	日本大学	関東
	〃		栗山　陸	日本大学	
	〃		山田　貴平	日本大学	
	〃		彭　欣宜	日本大学	
佳作	正会員	○	橋口　真緒	東京理科大学	関東
	〃		青木　蓮	東京理科大学	
	〃		岡野　麦穂	東京理科大学	
佳作	正会員	○	福田　凱乃祐	信州大学	北陸
	〃		青木　健祐	信州大学	
	〃		飯田　竜太朗	信州大学	
	〃		石原　大雅	信州大学	
	〃		舘柳　光佑	信州大学	

■タジマ奨励賞入選者一覧

賞	会員	代表	制作者	所属	支部
タジマ奨励賞	準会員	○	青山　紗也	愛知工業大学	東海
	〃		橋場　文香	愛知工業大学	
	〃		妙見　星菜	愛知工業大学	
	〃		内田　澪生	愛知工業大学	
タジマ奨励賞	準会員	○	紺野　貴心	愛知淑徳大学	東海
	〃		杉浦　康晟	愛知淑徳大学	
	〃		中西　祥太	愛知淑徳大学	
	〃		髙木　智織	愛知淑徳大学	
	〃		渡辺　レイジ	愛知淑徳大学	
タジマ奨励賞	準会員	○	谷　卓思	広島大学	中国
	〃		塚村　遼也	広島大学	
タジマ奨励賞	準会員	○	仲澤　和希	日本大学	九州
	〃		佐藤　航太	日本大学	
	〃		奥村　碩人	日本大学	
	〃		玉木　芹奈	日本大学	
タジマ奨励賞	準会員	○	古川　詩織	福岡大学	九州
	〃		城戸　佳奈美	福岡大学	
	〃		木村　琉星	福岡大学	

■支部別応募数、支部選数、全国選数

支　部	応募数	支部入選	全国入選	タジマ奨励賞
北海道	11	4	佳　作 1	
東　北	10	3		
関　東	51	11	優秀賞 1 佳　作 2	2
東　海	36	9		2
北　陸	23	6	優秀賞 1 佳　作 2	1
近　畿	35	8	優秀賞 1 佳　作 1	
中　国	49	11		1
四　国	18	3	優秀賞 1 佳　作 1	1
九　州	67	15	最優秀賞 1	3
合　計	300	70	12	10

　1889（明治22）年、帝室博物館を通じての依頼で「宮城正門やぐら台上銅器の意匠」を募集したのが、本会最初の設計競技である。

　はじめて本会が主催で催したものは、1906（明治39）年の「日露戦役記念建築物意匠案懸賞募集」である。

　その後しばらく外部からのはたらきかけによるものが催された。

　1929（昭和4）年から建築展覧会（第3回）の第2部門として設計競技を設け、若い会員の登竜門とし、1943（昭和18）年を最後に戦局悪化で中止となるまで毎年催された。これが現在の前身となる。

　戦後になって支部が全国的に設けられ、1951（昭和26）年に関東支部が催した若い会員向けの設計競技に全国から多数応募があったことがきっかけで、1952（昭和27）年度から本部と支部主催の事業として、会員の設計技能練磨を目的とした設計競技が毎年恒例で催されている。

　この設計競技は、第一線で活躍されている建築家が多数入選しており、建築家を目指す若い会員の登竜門として高い評価を得ている。

順位	氏 名	所 属
●1952	防火建築帯に建つ店舗付共同住宅	
1等	伊藤　清	成和建設名古屋支店
2等	工藤隆昭	竹中工務店九州支店
3等	大木康次	郵政省建築部
	広瀬一良	中建築設計事務所
	広谷嘉秋	〃
	梶田　丈	〃
	飯岡重雄	清水建設北陸支店
	三谷昭男	京都府建築部
●1953	公民館	
1等	宮入　保	早稲田大学
2等	柳　真也	早稲田大学
	中田清兵衛	早稲田大学
	桝本　賢	〃
	伊橋戊義	〃
3等	鈴木喜久雄	武蔵工業大学
	山田　篤	愛知県建築部
	船欄　巌	大林組
	西尾武史	〃
●1954	中学校	
1等	小谷喬之助	日本大学
	高橋義明	〃
	石田　宏	〃
2等 （1席）	長倉康彦	東京大学
	船越　徹	〃
	太田利彦	〃
	守屋秀夫	〃
	鈴木成文	〃
	筧　和夫	〃
	加藤　勉	〃
（2席）	伊藤幸一	清水建設大阪支店
	稲葉歳明	〃
	木村康彦	〃
	木下晴夫	〃
	讃岐捷一郎	〃
	福井弘明	〃
	宮武保義	〃
	森　正信	〃
	力武利夫	〃
	若野暢三	〃
3等 （1席）	相田祐弘	坂倉建築事務所
	桝本　賢	日銀建築部
（2席）	森下祐良	大林組本店
（3席）	三宅隆幸	伊藤建築事務所
	山本晴生	横河工務所
	松原成元	横浜市役所営繕課
●1955	小都市に建つ小病院	
1等	山本俊介	清水建設本社
	高橋精一	〃
	高野重文	〃
	寺本俊彦	〃
	間宮昭朗	〃
2等 （1席）	浅香久春	建設省営繕局
	柳沢　保	〃
	小林　彰	〃
	杉浦　進	〃
	高野　隆	〃
	大久保欽之助	〃
	甲木康男	〃
	寺畑秀夫	〃
	中村欽哉	〃
（2席）	野中　卓	野中建築事務所
3等 （1席）	桂　久男	東北大学
	坂田　泉	〃
	吉目木幸	〃
	武田　晋	〃
	松本啓俊	〃
	川股重也	〃

順位	氏 名	所 属
	星　達雄	東北大学
（2席）	宇野　茂	鉄道会館技術部
（3席）	稲葉歳明	清水建設大阪支店
	宮武保義	〃
	木下晴雄	〃
	讃岐捷一郎	〃
	福井弘明	〃
	森　正信	〃
●1956	集団住宅の配置計画と共同施設	
入選	磯崎　新	東京大学
	奥平耕造	前川國男建築設計事務所
	川上秀光	東京大学
	冷牟田純二	横浜市役所建築局
	小原　誠	電電公社建築局
	太田隆信	早稲田大学
	藤井博巳	〃
	吉川　浩	〃
	渡辺　満	〃
	岡田新一	東京大学
	土肥博至	〃
	前田尚美	〃
	鎌田恭男	大阪市立大学
	斎藤和夫	〃
	寺内　信	京都工芸繊維大学
●1957	市民体育館	
1等	織田愈史	日建設計工房名古屋事務所
	根津耕一郎	〃
	小野ゆみ子	〃
2等	三橋千悟	渡辺西郷設計事務所
	宮入　保	佐藤武夫設計事務所
	岩井泪一	梓建築事務所
	岡部幸蔵	日建設計名古屋事務所
	鋤納忠治	〃
	高橋　威	〃
3等	磯山　元	松田平田設計事務所
	青木安治	〃
	五十住明	〃
	太田昭三	清水建設九州支店
	大場昌弘	〃
	高田　威	大成建設大阪支店
	深谷浩一	〃
	平田泰次	〃
	美野吉昭	〃
●1958	市民図書館	
1等	佐藤　仁	国会図書館建築部
	栗原嘉一郎	東京大学
2等 （1席）	入部敏幸	電電公社建築局
	小原　誠	〃
（2席）	小坂隆次	大阪市建築局
	佐川嘉弘	〃
3等 （1席）	溝端利美	鴻池組名古屋支店
（2席）	小玉武司	建設省営繕局
（3席）	青山謙一	潮建築事務所
	山岸文男	〃
	小林美夫	日本大学
	下妻　力	佐藤建築事務所
●1959	高原に建つユース・ホステル	
1等	内藤徹男	大阪市立大学
	多胡　進	〃
	進藤汎海	〃
	富田寛志	奥村組
2等 （1席）	保坂陽一郎	芦原建築設計事務所
（2席）	沢田隆夫	芦原建築設計事務所

順位 / 氏名 / 所属

順位	氏 名	所 属
3等(1席)	太田隆信	坂倉建築事務所
(2席)	酒井壽聿	名古屋工業大学
(3席)	内藤徹男 多胡 進 進藤汎海 富田寛志	大阪市立大学 〃 〃 奥村組

●1960　ドライブインレストラン

順位	氏 名	所 属
1等	内藤徹男 斎藤英彦 村尾成文	山下寿郎設計事務所
2等(1席)	小林美夫 若色峰郎	日本大学理
(2席)	太田邦夫	東京大学
3等(1席)	秋岡武男 竹原八郎 久門勇夫 藤田昌美 溝神宏至朗 結崎東衛	大阪市立大学 〃 〃 〃 〃 〃
(2席)	沢田隆夫	芦原建築設計事務所
(3席)	浅見欣司 小高鎮夫 南迫哲也 野浦 淳	永田建築事務所 白石建築 工学院大学 宮沢・野浦建築事務所

●1961　多層車庫（駐車ビル）

順位	氏 名	所 属
1等	根津耕一郎 小松崎常夫	東畑建築事務所
2等(1席)	猪狩達夫 高田光雄 土谷精一	菊竹清訓建築事務所 長沼純一郎建築事務所 住金鋼材
(2席)	上野斌	広瀬鎌二建築設計事務所
3等(1席)	能勢次郎 中根敏彦	大林組
(2席)	丹田悦雄	日建設計工務
(3席)	千原久史 古賀新吾	文部省施設部福岡工事事務所 〃
(4席)	篠儀久雄 高楠直夫 平内祥夫 坂井勝次郎 伊藤志郎 田坂邦夫 岩渕淳次 桜井洋雄	竹中工務店名古屋支店 〃 〃 〃 〃 〃 〃 〃

●1962　アパート（工業化を目指した）

順位	氏 名	所 属
1等	大江幸弘 藤田昌美	大阪建築事務所
2等(1席)	多賀修三	中央鉄骨工事
(2席)	青木 健 桑本 洋 鈴木雅夫 弘永直康 古野 強	九州大学 〃 〃 〃 〃
3等(1席)	大沢辰夫	日本住宅公団
(2席)	茂木謙悟 柴田弘光 岩尾 襄	九州大学 〃 〃
(3席)	高橋博久	名古屋工業大学

●1963　自然公園に建つ国民宿舎

順位	氏 名	所 属
1等	八木沢壮一 戸口靖夫 大久保全陸	東京都立大学

順位	氏 名	所 属
2等(1席)	若色峰郎 秋元和雄 筒井英雄 津路次朗	日本大学 清水建設 カトウ設計事務所 日本大学
(2席)	上塘洋一 松山岩雄 西村 武	西村設計事務所 白川設計事務所 吉江設計事務所
3等(1席)	竹内 皓 内川正人	三菱地所
(2席)	保坂陽一郎	芦原建築設計事務所
(3席)	林 魏	石本建築事務所

●1964　国内線の空港ターミナル

順位	氏 名	所 属
1等	小松崎常夫	大江宏建築事務所
2等(1席)	山中一正	梓建築事務所
(2席)	長島茂己	明石建築設計事務所
3等(1席)	渋谷 昭 渋谷義宏 中村金治 清水英雄	建築創作連合 〃 〃 〃
(2席)	鈴木弘志	建設省営繕局
(3席)	坂巻弘一 高橋一躬 竹内 皓	大成建設 〃 三菱地所

●1965　温泉地に建つ老人ホーム

順位	氏 名	所 属
1等	松田武治 河合喬史 南 和正	鹿島建設
2等(1席)	浅井光広 松崎 稔 河西 猛	白川建築設計事務所
(2席)	森 惣介 岡田俊夫 白井正義 渡辺了策	東鉄管理局施設部 国鉄本社施設局 東鉄管理局施設部 国鉄本社施設局
3等(1席)	村井 啓 福沢健次 志田 巌 渡辺泰男	槇総合計画事務所 〃 〃 千葉大学
(2席)	近藤 繁 田村 清 水嶋勇郎 芳谷勝瀰	日建設計工務 〃 〃 〃
(3席)	森 史夫	東京工業大学

●1966　農村住宅

順位	氏 名	所 属
1等	鈴木清史 野呂恒二 山田尚義	小崎建築設計事務所 林・山田・中原設計同人 匠設計事務所
2等(1席)	竹内 耕 大吉春雄 椎名 茂	明治大学 下元建築事務所
(2席)	田村 光 倉光昌彦	中山克巳建築設計事務所
3等(1席)	三浦紀之 高山芳彦	磯崎新アトリエ 関東学院大学
(2席)	増野 暁 井口勝文	竹中工務店
(3席)	田良島昭	鹿児島大学

●1967　中都市に建つバスターミナル

順位	氏 名	所 属
1等	白井正義 深沢健二 柳下 計 清水俊克 四日幹庸	東京鉄道管理局 国鉄東京工事局 東京鉄道管理局 国鉄東京工事局 東京鉄道管理局

順位	氏 名	所 属
	保坂時雄 早川一武 竹谷一夫 野原明彦 高本 司 森 惣介 渡辺了策 坂井敬次	国鉄東京工事局 東京鉄道管理局 国鉄東京工事局 東京鉄道管理局 〃 〃 国鉄東京工事局
2等(1席)	安田丑作	神戸大学
(2席)	白井正義 他12名1等 入選者と同じ	東京鉄道管理局
3等(1席)	平 昭男	平建築研究所
(2席)	古賀宏右 矢野彰夫 清原 暢 紀田兼武 中野俊章 城島嘉八郎 木梨良彦 梶原 順	清水建設九州支店
(3席)	唐沢昭夫 畑 聰一 有坂 勝 平野 周 鈴木誠司	芝浦工業大学助手 芝浦工業大学

●1968　青年センター

順位	氏 名	所 属
1等	菊地大麓	早稲田大学
2等(1席)	長峰 章 長谷部浩	東洋大学助手 東洋大学
(2席)	坂野醇一	日建設計工務名古屋事務所
3等(1席)	大橋晃一 大橋二朗	東京理科大学助手 東京理科大学
(2席)	柳村敏彦	教育施設研究所
(3席)	八木幸二	東京工業大学

●1969　郷土美術館

順位	氏 名	所 属
入選	気賀沢俊之 割田正雄 後藤直道	早稲田大学 〃
	小林勝由 冨士覇王	丹羽英二建築事務所 清水建設名古屋支店
	和久昭夫 楓 文夫 若宮淳一 実崎弘司	桜井事務所 安宅エンジニアリング 日本大学
	道本裕忠 福井敬之輔 佐藤 護	大成建設本社 大成建設名古屋支店 大成建設新潟支店
	橋本文隆 田村真一	芦原建築設計研究所 武蔵野美術大学

●1970　リハビリテーションセンター

順位	氏 名	所 属
入選	阿部孝治 伊集院豊麿 江上 徹 竹下秀俊 中溝信之 林 俊生 本田昭四 松永 豊	九州大学 〃 〃 〃 〃 〃 九州大学助手 九州大学
	土田裕康 松本信孝 岩渕昇二 佐藤憲一	東京都立田無工業高校 工学院大学 中野区役所建設部
	坪山幸生 杉浦定雄	日本大学 アトリエ・K

順位	氏名	所属
	伊沢 岬	日本大学
	江中伸広	〃
	坂井建正	〃
	小井義信	アトリエ・K
	吉田 諄	〃
	真鍋勝利	日本大学
	田代太一	〃
	仲村澄大	〃
	光崎俊正	岡建築設計事務所
	宗像博道	鹿島建設
	山本敏夫	〃
	森田芳憲	三井建設

●1971　小学校

1等	岩井光男	三菱地所
	鳥居和茂	西原研究所
	多田公昌	ヨコテ建築事務所
	芳賀孝和	和田設計コンサルタント
	寺田晃光	三愛石油
	大柿陽一	日本大学
2等	栗生 明	早稲田大学
	高橋英二	〃
	渡辺吉章	〃
	田中那華男	井上久雄建築設計事務所
3等	西川禎一	鹿島建設
	天野喜信	〃
	山口 等	〃
	渋谷外志子	〃
	小林良雄	芦原建築設計研究所
	井上 信	千葉大学
	浮々谷啓悟	〃
	大泉研二	〃
	清田恒夫	〃

●1972　農村集落計画

順位	氏名	所属
1等	渡辺一二	創造社
	大極利明	〃
	村山 忠	SARA工房
2等(1席)	藤本信義	東京工業大学
	楠本侑司	〃
	藍沢 宏	〃
	野原 剛	〃
(2席)	成富善治	京都大学
	町井 充	〃
3等(1席)	本田昭四	九州大学助手
	井手秀一	九州大学
	樋口栄作	〃
	林 俊生	〃
	近藤芳男	〃
	日野 修	アトリエ・K
	伊集院豊麿	〃
	竹下輝和	〃
(2席)	米津兼男	西尾建築設計事務所
	佐川秀雄	工学院大学
	大町知之	〃
	近藤英雄	〃
(3席)	三好庸隆	大阪大学
	中原文雄	〃

●1973　地方小都市に建つコミュニティーホスピタル

順位	氏名	所属
1等	宮城千城	工学院大学助手
	石渡正行	工学院大学
	内野 豊	〃
	梶本実乗	〃
	天野憲二	〃
	小林正孝	〃
	三好 薫	〃
2等(1席)	高橋公雄	RG工房
	宝田昌秀	〃
	岩崎成義	〃
	加瀬幸次	〃

順位	氏名	所属
	内田久雄	RG工房
	安藤輝男	〃
(2席)	深谷俊則	UA都市・建築研究所
	込山俊二	山下寿郎設計事務所
	高村慶一郎	UA都市・建築研究所
3等(1席)	井手秀一	九州大学
	上和田茂	〃
	竹下輝和	〃
	日野 修	〃
	梶山喜一郎	〃
	永富 誠	〃
	松下隆太	〃
	村上良知	〃
	吉村直樹	〃
(2席)	山本育三	関東学院大学
(3席)	大町知之	工学院大学
	米津兼男	〃
	佐川秀雄	毛利建築設計事務所
	近藤英雄	工学院大学

●1974　コミュニティスポーツセンター

順位	氏名	所属
1等	江口 潔	千葉大学
	斎藤 実	〃
2等(1席)	佐野原二	藍建築設計センター
(2席)	渡上和則	フジタ工業設計部
3等(1席)	津路次朗	アトリエ・K
	杉浦定雄	〃
	吉田 諄	〃
	真鍋勝利	〃
	坂井建正	〃
	田中重光	〃
	木田 俊	〃
	斎藤祐子	〃
	阿久津裕幸	〃
(2席)	神長一郎	SPACEDESIGNPRODUCESYSTEM
(3席)	日野一男	日本大学
	連川正徳	〃
	常川芳男	〃

●1975　タウンハウス―都市の低層集合住宅

1等	該当者なし	
2等	毛井正典	芝浦工業大学
	伊藤和範	早稲田大学
	石川俊治	日本国土開発
	大島博明	千葉大学
	小室克夫	〃
	田中二郎	〃
	藤倉 真	〃
3等	衣袋洋一	芝浦工業大学
	中西義和	三貴土木設計事務所
	森岡秀幸	国土工営
	永友秀人	R設計社
	金子幸一	三貴土木設計事務所
	松田福和	奥村組本社

●1976　建築資料館

1等	佐藤元昭	奥村組
2等	田中康勝	芝浦工業大学
	和田法正	〃
	香取光夫	〃
	田島英夫	〃
	福沢 清	〃
	功刀 強	〃
3等	伊沢 岬	日本大学助手
	大野 豊	日本大学
	笠間康雄	〃
	柿本人司	〃
	佐藤洋一	〃

順位	氏名	所属
	高橋鎮男	日本大学
	場々洋介	〃
	入江敏郎	〃
	功刀 強	芝浦工業大学
	田島英夫	〃
	福沢 清	〃
	和田決正	〃
	香取光夫	〃
	田中康勝	〃
	坂口 修	鹿島建設
	平田典千	〃
	山田嘉朗	東北大学
	大西 誠	〃
	松元隆平	〃

●1977　買物空間

順位	氏名	所属
1等	湯山康樹	早稲田大学
	小田恵介	〃
	南部 真	〃
2等	堀田一平	環境企画G
	藤井敏信	早稲田大学
	柳田良造	〃
	長谷川正充	〃
	松本靖男	〃
	井上赫郎	首都圏総合計画研究所
	工藤秀美	環境企画G
	金田 弘	〃
	川名俊郎	工学院大学
	林 俊司	〃
	渡辺 暁	〃
3等	菅原尚史	東北大学
	高坂憲治	〃
	千葉琢夫	〃
	森本 修	〃
	山田博人	〃
	長谷川章	早稲田大学
	細川博彰	工学院大学
	露木直己	日本大学
	大内宏友	〃
	永徳 学	〃
	高瀬正二	〃
	井上清春	工学院大学
	田中正裕	〃
	半貫正治	工学院大学

●1978　研修センター

順位	氏名	所属
1等	小石川正男	日本大学短期大学
	神波雅明	高岡建築事務所
	乙坂雅広	日本大学
	永池勝範	鈴喜建設設計
	篠原則夫	日本大学
	田中光義	〃
2等	水島 宏	熊谷組本社
	本田征四郎	〃
	藤吉 恭	〃
	桜井経温	〃
	木野隆信	〃
	若松久雄	鹿島建設
3等	武馬 博	ウシヤマ設計研究室
	持田満輔	芝浦工業大学
	丸田 睦	〃
	山本園子	〃
	小田切利栄	〃
	佐々木勤	〃
	田島 肇	〃
	飯島 宏	〃
	田島英夫	加藤アトリエ
	後藤伸一	前川國男建築設計事務所
	東原克行	〃
	田中隆吉	竹中工務店東京支店

●1979　児童館

順位	氏名	所属
1等	倉本卿介	フジタ工業
	福島節男	〃
	岸原芳人	〃
	杉山栄一	〃
	小泉直久	〃
	小久保茂雄	〃
2等	西沢鉄雄	早稲田大学専門学校
	青柳信子	〃
	秋田宏行	〃
	尾登正典	〃
	斎藤民樹	〃
	坂本俊一	〃
	新井一治	関西大学
	山本孝之	〃
	村田直人	〃
	早瀬英雄	〃
	芳村隆史	〃
3等	中園真人	九州大学
	川島豊	〃
	永松由教	〃
	入江謙吾	〃
	小吉泰彦	九州大学
	三橋徹	〃
	山越幸子	〃
	多田善昭	斉藤孝建築設計事務所
	溝口芳典	香川県観音寺土木事務所
	真鍋一伸	富士建設
	柳川恵子	斉藤孝建築設計事務所

●1980　地域の図書館

順位	氏名	所属
1等	三橋徹	九州大学
	吉田寛史	〃
	内村勉	〃
	井上誠	〃
	時政康司	〃
	山野善郎	〃
2等(1席)	若松久雄	鹿島建設
(2席)	塚ノ目栄寿	芝浦工業大学
	山下高二	〃
	山本園子	〃
3等(1席)	布袋洋一	芝浦工業大学
	船山信夫	〃
	栗田正光	〃
(2席)	森一彦	豊橋技術大学
	梶原雅也	〃
	高村誠人	〃
	市村弘	〃
	藤島和博	〃
	長村寛行	〃
(3席)	佐々木厚司	京都工芸繊維大学
	野口道男	〃
	西村正裕	〃

●1981　肢体不自由児のための養護学校

順位	氏名	所属
1等	野久尾尚志	地域計画設計
	田畑邦男	〃
2等(1席)	井上誠	九州大学
	磯野祥子	〃
	滝山作	〃
	時政康司	〃
	中村隆明	〃
	山野善郎	〃
	鈴木義弘	〃
(2席)	三川比佐人	清水建設
	黒田和彦	〃
	中島晋一	〃
	馬場弘一郎	〃
	三橋徹	〃
	吉田博	〃
3等(1席)	川元茂	九州大学
	郡明宏	〃
	永島潮	〃
	深野木信	〃
(2席)	畠山和幸	住友建設
(3席)	渡辺富雄	日本大学
	佐藤日出夫	〃
	中川龍吾	〃
	本間博之	〃
	馬場律也	〃

●1982　地場産業振興のための拠点施設

順位	氏名	所属
1等	城戸崎和佐	芝浦工業大学
	大崎関男	〃
	木村雅一	〃
	進藤憲治	〃
	宮本秀二	〃
2等	佐々木聡	東北大学
	小沢哲三	〃
	小坂高志	〃
	杉山丞	〃
	鈴木秀俊	〃
	三嶋志郎	〃
	山田真人	〃
	青木修一	工学院大学
3等	出田肇	創設計事務所
	大森正夫	京都工芸繊維大学
	黒田智子	〃
	原浩一	〃
	鷹村暢子	〃
	日高章	〃
	岸本和久	〃
	岡田明浩	〃
	深野木信	九州大学
	大津博幸	〃
	川崎光敏	〃
	川島浩孝	〃
	仲江肇	〃
	西洋一	〃

●1983　国際学生交流センター

順位	氏名	所属
1等	岸本広久	京都工芸繊維大学
	柴田厚	〃
	藤田泰広	〃
2等	吉岡栄一	芝浦工業大学
	佐々木和子	〃
	照沼博志	〃
	大野幹雄	〃
	糟谷浩史	京都工芸繊維大学
	鷹村暢子	〃
	原浩一	〃
3等	森田達志	工学院大学
	丸山正仁	工学院大学
	深野木信	九州大学
	川崎光敏	〃
	高須芳史	〃
	中村孝至	〃
	長嶋洋子	〃
	ウ・ラタン	〃

●1984　マイタウンの修景と再生

順位	氏名	所属
1等	山崎正史	京都大学助手
	浅川滋男	京都大学
	千葉道也	〃
	八木雅夫	〃
	リッタ・サラスティエ	〃
	金竜河	〃
	カテリナ・メグミ・ナバミネ	〃
	曽野泰行	〃
	若松準	〃
2等	宗平真澄	関西大学
	近宮健一	〃
	池田泰彦	九州芸術工科大学
	米永優子	〃
	塚原秀典	〃
	上田俊三	〃
	応地丘子	〃
	梶原美樹	〃
3等	大野泰史	鹿島建設
	伊藤吉和	千葉大学
	金秀吉	〃
	小林一雄	〃
	堀江隆	〃
	佐藤基一	〃
	須永浩邦	〃
	神尾幸伸	関西大学
	宮本昌彦	〃

●1985　商店街における地域のアゴラ

順位	氏名	所属
1等	元氏誠	京都工芸繊維大学
	新田晃尚	〃
	浜村哲朗	〃
2等	栗原忠一郎	連合設計栗原忠建築設計事務所
	大成二信	〃
	千葉道也	京都大学
	増井正哉	〃
	三浦英樹	〃
	カテリナ・メグミ・ナガミネ	〃
	岩松準	〃
	曽野泰行	〃
	金浩哲	〃
	太田潤	〃
	大守昌利	〃
	大倉克仁	〃
	加茂みどり	〃
	川村豊	〃
	黒木俊正	〃
	河本潔	〃
3等	藤沢伸佳	日本大学
	柳泰彦	〃
	林和樹	〃
	田崎祐生	京都大学
	川人洋志	〃
	川野博義	〃
	原哲也	〃
	八木康夫	〃
	和田淳	〃
	小谷邦夫	〃
	上田嘉之	〃
	小路直彦	関西大学
	家田知明	〃
	松井誠	〃

●1986　外国に建てる日本文化センター

順位	氏名	所属
1等	松本博樹	九州芸術工科大学
	近藤英夫	〃
2等(特別賞)	キャロリン・ディナス	オーストラリア
2等	宮宇地一彦	法政大学講師
	丸山茂生	早稲田大学
	山下英樹	〃
3等	グワウン・タン アスコール・ピーターソンズ	オーストラリア
	高橋喜人	早稲田大学
	杉浦友哉	早稲田大学
	小林達也	日本大学
	小川克己	〃
	佐藤信治	〃

●1987　建築博物館

順位	氏名	所属
1等	中島道也	京都工芸繊維大学
	神津昌哉	〃
	丹羽喜裕	〃

列1

順位	氏 名	所 属
	林 秀典 奥 佳弥 関井 徹 三島久範	京都工芸繊維大学 〃 〃 〃
2等 (1席)	吉田敏一	東京理科大学
(2席)	川北健雄 村井 貢 岩田尚樹	大阪大学 〃 〃
3等	工藤信啓 石井博文 吉田 勲 大坪真一郎	九州大学 〃 〃 〃
	當間 卓 松岡辰郎 氏家 聡	日本大学 〃 〃
	松本博樹 江島嘉祐 坂原裕樹 森 裕 渡辺美恵	九州芸術工科大学 〃 〃 〃 〃

●1988 わが町のウォーターフロント

順位	氏 名	所 属
1等	新間英一 丹羽雄一 橋本樹宜 草薙茂雄 毛見 究	日本大学 〃 〃 〃 〃
2等 (1席)	大内宏友 岩田明士 関根 智 原 直昭 村島聡乃	日本大学 〃 〃 〃 〃
(2席)	角田暁治	京都工芸繊維大学
3等	伊藤 泰	日本大学
	橋寺和子 居内章夫 奥村浩和 宮本昌彦	関西大学 〃 〃 〃
	工藤信啓 石井博文 小林美和 松江健吾 森次 顕 石川恭温	九州大学 〃 〃 〃 〃 〃

●1989 ふるさとの芸能空間

順位	氏 名	所 属
1等	湯淺篤哉 広川昭二	日本大学 〃
2等 (1席)	山岡哲哉	東京理科大学
(2席)	新間英一 長谷川晃三郎 岡里 潤 佐久間明 横尾愛子	日本大学 〃 〃 〃 〃
3等	直井 功 飯嶋 淳 松田葉子 浅見 清 清水健太郎	芝浦工業大学 〃 〃 〃 〃
	丹羽雄一	日本大学
	松原明生	京都工芸繊維大学

●1990 交流の場としてのわが駅わが駅前

順位	氏 名	所 属
1等	鎌田泰寛	室蘭工業大学
2等 (1席)	若林伸吾	ゼブラクロス/環境計画研究機構
(2席)	植竹和弘	日本大学

列2

順位	氏 名	所 属
	根岸延行 中西邦弘	日本大学 〃
3等	飯田隆弘 山口哲也 佐藤教明 佐藤滋晃	日本大学 〃 〃 〃
	本田昌明	京都工芸繊維大学
	加藤正浩 矢部達也	京都工芸繊維大学 〃
第2部 優秀作品	辺見昌克	東北工業大学
	重田真理子	日本大学
	小笠原滋之 岡本真吾 堂下 浩 曽根 奨 田中 剛 高倉朋文 富永隆弘	日本大学 〃 〃 〃 〃 〃 〃

●1991 都市の森

順位	氏 名	所 属
1等	北村順一	EARTH-CREW 空間工房
2等 (1席)	山口哲也 河本憲一 広川雅樹 日下部仁志 伊藤康史 高橋武志	日本大学 〃 〃 〃 〃 〃
(2席)	河合哲夫	京都工芸繊維大学
3等	吉田幸代	東京電機大学
	大勝義夫 小川政彦	東京電機大学 〃
	有馬浩一	京都工芸繊維大学
第2部 優秀作品	真崎英嗣	京都工芸繊維大学
	片桐岳志	日本大学
	豊川健太郎	神奈川大学

●1992 わが町のタウンカレッジをつくる

順位	氏 名	所 属
1等	増重雄治 平賀直樹 東 哲也	広島大学 〃 〃
2等	今泉 純	東京理科大学
	笠継 浩 吉澤宏生 梅元建治 藤本弘子	九州芸術工科大学 〃 〃 〃
3等	大橋千枝子 永澤明彦 野嶋 徹 堀江由布子 水川ひろみ 葉 華 龍 治男	早稲田大学 〃 〃 〃 〃 〃 〃
	永井 牧	東京理科大学
	佐藤教明 木口英俊	日本大学 〃
第2部 優秀作品	田代拓未	早稲田大学
	細川直哉	早稲田大学
	南谷武志 植村龍治 鵜飼優美代 楊 迪鋼 品川ちとせ	豊橋技術科学大学 〃 〃 〃 〃

列3

順位	氏 名	所 属

●1993 川のある風景

順位	氏 名	所 属
1等	堀田典裕 片木孝治	名古屋大学 〃
2等	宇高雄志 新宅昭文 金田俊美 藤本統久	豊橋技術科学大学 〃 〃 〃
	阪田弘一 板谷善晃 榎木靖倫	大阪大学助手 大阪大学 〃
3等	坂本龍宣 戸田正幸 西出慎吾	日本大学 〃 〃
	安田利宏 原 竜介	京都工芸繊維大学 京都府立大学
第2部 優秀作品	瀬木博重	東京理科大学
	平原英樹	東京理科大学
	岡崎光邦 岡崎泰和 米良裕二 脇坂隆治 池田貴光	日本文理大学 〃 〃 〃 〃

●1994 21世紀の集住体

順位	氏 名	所 属
1等	尾崎敦俊	関西大学
2等	岩佐明彦	東京大学
	疋田誠二 西端賢一 鈴木 賢	神戸大学 〃 〃
3等	菅沼秀樹 ビメンテル·フランシスコ	北海道大学 〃
	藤石真樹 唐崎祐一	九州大学 〃
	安武敦子 柴田 健	九州大学 〃
第2部 優秀作品	太田光則 南部健太郎 岩間大輔 佐久間朗	日本大学 〃 〃 〃
	桐島 徹 長澤秀徳 福井恵一 蓮池 崇 和久 豪	日本大学 〃 〃 〃 〃
	薩摩亮治 大西康伸	京都工芸繊維大学 〃

●1995 テンポラリー・ハウジング

順位	氏 名	所 属
1等	柴田 建 上野恭子 Nermin Mohsen Elokla	九州大学 〃 〃
2等	津國博英 鈴木秀雄	エムアイエー建築デザイン研究所 〃
	川上浩史 圓塚紀祐 村松哲志	日本大学 〃 〃
3等	伊藤秀明	工学院大学
	中井賀代 伊藤一未	関西学院大学 〃
	内記英文 早樋 努	熊本大学 〃
第2部 優秀作品	崎田由紀	日本女子大学
	的場喜郎	日本大学
	横地哲哉 大川航洋	日本大学 〃

Column 1

順位	氏名	所属
	小越康乃 大野和之 清松寛史	日本大学 〃 〃

●1996 空間のリサイクル

順位	氏名	所属
1等	木下泰男	北海道造形デザイン専門学校講師
2等	大竹啓文 松岡良樹	筑波大学 〃
	吉村紀一郎 江川竜之 太田一洋 佐藤裕子 増田成政	豊橋技術科学大学 〃 〃 〃 〃
3等	森雅章 上田佳奈	京都工芸繊維大学 〃
	石川主税	名古屋大学
	中敦史 中島健太郎	関西大学 〃
第2部 優秀作品	徳田光弘	九州芸術工科大学
	浅見苗子 池田さやか 内藤愛子	東洋大学 〃 〃
	藤ヶ谷えり子 久永康香 福井由香	香川職業能力開発短期大学校 〃 〃

●1997 21世紀の『学校』

1等	三浦慎 林太郎 千野晴己	フリー 東京藝術大学 〃
2等	村松保洋 渡辺泰夫	日本大学 〃
	森園知弘 市丸俊一	九州大学 〃
3等	豊川斎赫 坂牧由美子	東京大学 〃
	横田直子 高橋将幸 中野純子 松本仁 富永誠一 井上貴明 岡田信男 李燁強 藤本美由紀 澤村要 浜田智紀 宮崎剛哲 風間奈津子 今村正則 中村伸二	熊本大学 〃 〃 〃 〃 〃 〃 〃 〃 〃 〃 〃 〃 〃 〃
	山下剛	鹿児島大学
第2部 優秀作品	間下奈津子	早稲田大学
	瀬戸健似 土屋誠 遠藤誠	日本大学 〃 〃
	渋川隆	東京理科大学

●1998 『市場』をつくる

順位	氏名	所属
最優秀賞	宇野勇治 三好光行	名古屋工業大学 〃
	眞中正司	日建設計
優秀賞	筧雄平 村口玄	東北大学 〃
	福島理恵	早稲田大学
	齋藤篤史	京都工芸繊維大学
	東尾勝則	近畿大学

Column 2

順位	氏名	所属
タジマ奨励賞	山口雄治 坂巻哲	東洋大学 〃
	齋藤真紀 浅野早苗 松本亜矢	早稲田大学専門学校 〃 〃
	根岸広人 石井友子 小池益代	早稲田大学専門学校 〃 〃
	原山賢	信州大学
	齋藤み穂 竹森紘臣	関西大学 〃
	井川清 葉山純士 前田利幸 前村直紀	関西大学 〃 〃 〃
	横山敦一 青山祐子 倉橋尉仁	大阪大学 〃 〃

●1999 住み続けられる"まち"の再生

順位	氏名	所属
最優秀賞 タジマ奨励賞	多田正治 南野好司 大浦寛登	大阪大学 〃 〃
優秀賞	北澤猛 遠藤新 市原富士夫 今村洋一 野原卓 今川俊一 栗原謙樹 田中健介 中島直人 三牧浩也 荒俣桂子	東京大学 〃 〃 〃 〃 〃 〃 〃 〃 〃 〃
	中楯哲史 安食公治 岡本欣士 熊崎敦史 西牟田奈々 白川在 増見収太	法政大学 〃 〃 〃 〃 〃 〃
	森島則文 堀田忠義 天満智子	フジタ 〃 〃
	松島啓之	神戸大学
	大村俊一 生川慶一郎 横田郁	大阪大学 〃 〃
タジマ奨励賞	開歩	東北工業大学
	鳥山暁子	東京理科大学
	伊藤教司	東京理科大学
	石冨達郎 北野清晃 鈴木秀典 大谷瑞絵	金沢大学 〃 〃 〃
	青木宏之 伊佐治克哉 島田聖 高井美樹 濱上千香子 平林嘉泰 藤本玲子 松川真之介 向井啓晃 山崎和義 岩岡大輔 徳宮えりか 菊野恵 中瀬由子 山田細香	和歌山大学 〃 〃 〃 〃 〃 〃 〃 〃 〃 〃 〃 〃 〃 〃

Column 3

順位	氏名	所属
	今井敦士 東雅人 櫛部友士	摂南大学 〃 〃
	奥野洋平 松本幸治	近畿大学 〃
	中野百合 日下部真一 下地大樹 大前弥佐子 小沢博克 具志堅元一 三浦琢哉 濱村諭志	日本文理大学 〃 〃 〃 〃 〃 〃 〃

●2000 新世紀の田園居住

順位	氏名	所属
最優秀賞	山本泰裕 吉池寿顕 牛戸陽治	神戸大学 〃 〃
	本田互	フリー
	村上明	九州大学
優秀賞	藤原徹平 高橋元氣	横浜国立大学 フリー
	畑中久美子	神戸芸術工科大学
	齋藤篤史 富田祐一 嶋田泰子	竹中工務店 アール・アイ・エー大阪支社 竹中工務店
タジマ奨励賞	張替那麻	東京理科大学
	平本督太郎 加曽利千草 田中真美子 三上哲哉 三島由樹	慶應義塾大学 〃 〃 〃 〃
	花井奏達	大同工業大学
	新田一真 新藤太一 日野直人	金沢工業大学 〃 〃
	早見洋平	信州大学
	岡部敏明 青山純 斉藤洋平 秦野浩司 木村輝之 重松研二 岡田俊博	日本大学 〃 〃 〃 〃 〃 〃
	森田絢子 木村恭子 永尾達也	明石工業高等専門学校 〃 〃
	延東治 松森一行	明石工業高等専門学校 〃
	田中雄一郎 三木結花 横山藍 石田計志 松本康夫 大久保圭	高知工科大学 〃 〃 〃 〃 〃

●2001 子ども居場所

最優秀賞	森雄一 祖田篤輝 碓井亮	神戸大学 〃 〃
優秀賞	小地沢将之 中塚祐一郎 浅野久美子	東北大学 〃 〃
(タジマ奨励賞)	山本幸恵 太刀川寿子 横井祐子	早稲田大学芸術学校 〃 〃
	片岡照博	工学院大学・早稲田大学芸術学校
	深澤たけ美 森川勇己	豊橋技術科学大学 〃

順位	氏 名	所 属
	武部康博	豊橋技術科学大学
	安藤 剛	〃
	石田計志	高知工科大学
	松本康夫	〃
タジマ奨励賞	増田忠史	早稲田大学
	高尾研也	〃
	小林専吾	〃
	蜂谷伸治	〃
	大木 圭	東京理科大学
	本間行人	東京理科大学
	山田直樹	日本大学
	秋山 貴	〃
	直井宏樹	〃
	山崎裕子	〃
	湯浅信二	〃
	北野雅士	豊橋技術科学大学
	赤松耕太	〃
	梅田由佳	〃
	坂口 祐	慶應義塾大学
	稲葉佳之	〃
	石井綾子	〃
	金子晃子	〃
	森田絢子	明石工業高等専門学校
	木村恭子	〃
	永尾達也	東京大学
	山名健介	広島工業大学
	安井裕之	〃
	平田友隆	〃
	西元咲子	〃
	豊田憲洋	〃
	宗村卓季	〃
	密山 弘	〃
	片岡 聖	〃
	今村かおり	〃
	大城幸恵	九州職業能力開発大学校
	水上浩一	〃
	米倉大喜	〃
	石峰顕道	〃
	安藤美代子	〃
	横田竜平	〃

●2002 外国人と暮らすまち

順位	氏 名	所 属
最優秀賞	竹田堅一	芝浦工業大学
	高山 久	〃
	依田 崇	〃
	宮野隆行	〃
	河野友紀	広島大学
	佐藤菜採	〃
	高山武士	〃
	都築 元	〃
	安井裕之	広島工業大学
	久安邦明	〃
	横川貴史	〃
優秀賞	三谷健太郎	東京理科大学
	田中信也	千葉大学
	穂積雄平	東京理科大学
	山本 学	神奈川大学
(タジマ奨励賞)	水上浩一	九州職業能力開発大学校
	吉岡雄一郎	〃
	西村 恵	〃
	大脇淳一	〃
	古川晋作	〃
	川崎美紀子	〃
	安藤美代子	〃
	米倉大喜	〃
タジマ奨励賞	TEOH CHEE SIANG	千葉大学
	岩崎真志	豊橋技術科学大学
	中西 功	〃
	長田剛和	〃
	三原直也	京都工芸繊維大学

順位	氏 名	所 属
	安藤美代子	九州職業能力開発大学校
	桑山京子	〃
	井原堅一	〃
	井上 歩	〃
	米倉大喜	〃
	水上浩一	〃
	矢橋 徹	日本文理大学

●2003 みち

順位	氏 名	所 属
最優秀賞 島本源徳賞	山田智彦	千葉大学
	加藤大志	〃
	陶守奈津子	〃
	末廣倫子	〃
	中野 薫	〃
	鈴木葉子	〃
	廣瀬哲史	〃
	北澤有里	〃
最優秀賞 (タジマ奨励賞)	宮崎明子	東京理科大学
	溝口省吾	〃
	細山真治	〃
	横川貴史	広島工業大学
	久安邦明	〃
	安井裕之	〃
優秀賞	市川尚紀	東京理科大学
	石井 亮	〃
	石川雄一	〃
	中込英樹	〃
	表 尚玄	大阪市立大学
	今井 朗	〃
	河合美保	〃
	今村 顕	〃
	加藤悠介	〃
	井上昌子	〃
	西脇智子	〃
	宮谷いずみ	〃
	稲垣大志	〃
	酢田祐子	〃
(タジマ奨励賞)	松川洋輔	日本文理大学
	嵯峨彰仁	〃
	川野伸寿	〃
	持留啓徳	〃
	国頭正章	〃
	雑賀貴志	〃
タジマ奨励賞	中井達也	大阪大学
	桑原悠樹	〃
	尾杉友浩	〃
	西澤嘉一	〃
	田中美帆	〃
	森川真嗣	国立明石工業高等専門学校
	加藤哲史	広島大学
	佐々岡由訓	〃
	松岡由子	〃
	長池正純	〃
	内田哲広	広島大学
	久留原明	〃
	松本幸子	〃
	割方文子	〃
	宮内聡明	日本文理大学
	大西達郎	〃
	嶋田孝頼	〃
	野見山雄太	〃
	田村文乃	〃
	松浦 琢	九州芸術工科大学
	前田圭子	国立有明工業高等専門学校
	奥薗加奈子	〃
	西田朋美	〃
	田中隆志	九州職業能力開発大学校
	古川晋作	〃
	保永勝重	〃
	田端孝蔵	〃
	吉岡雄一郎	〃
	井原堅一	〃
	大脇淳一	〃

順位	氏 名	所 属
●2004	**建築の転生・都市の再生**	
最優秀賞 島本源徳賞 (タジマ奨励賞)	遠藤和郎	東北工業大学
最優秀賞 島本源徳賞	紅林佳代	日本大学
	柳瀬英江	〃
	牧田浩二	〃
最優秀賞	和久倫也	東京都立大学
	小川 仁	〃
	齋藤茂樹	〃
	鈴木啓之	〃
優秀賞	本間行人	横浜国立大学
	齋藤洋平	大成建設
	小菅俊太郎	〃
	藤原 稔	〃
タジマ奨励賞	平田啓介	慶應義塾大学
	椎木空海	〃
	柳沢健人	〃
	塚本 文	〃
	佐藤桂火	東京大学
	白倉 将	京都工芸繊維大学
	山田道子	大阪市立大学
	舩橋耕太郎	〃
	堀野 敏	大阪市立大学
	田部兼三	〃
	酒井雅男	〃
	山下剛史	広島大学
	下田康晴	〃
	西川佳香	〃
	田村隆志	日本文理大学
	中村公亮	〃
	茅根一貴	〃
	水内英允	〃
	難波友亮	鹿児島大学
	西垣智哉	〃
	小佐見友子	鹿児島大学
	瀬戸口晴美	〃
●2005	**風景の構想—建築をとおしての場所の発見—**	
最優秀賞 島本源徳賞	中西正佳	京都大学
	佐賀淳一	〃
	松田拓郎	北海道大学
優秀賞	石川典貴	京都工芸繊維大学
	川勝崇道	〃
	森 隆	芝浦工業大学
	廣瀬 悠	立命館大学
	加藤直史	〃
	水谷好美	〃
(タジマ奨励賞)	吉村 聡	神戸大学
(タジマ奨励賞)	木下晧一郎	熊本大学
	菊池 聡	〃
	佐藤公信	〃
タジマ奨励賞	渡邉幹夫	日本文理大学
	伊禮竜馬	〃
	中野晋治	〃
	近藤 充	東北工業大学
	賞雅裕和	日本大学
	田島 誠	〃
	重堂英仁	〃
	濱崎梨沙	鹿児島大学
	中村直人	〃
	王 東揚	〃
●2006	**近代産業遺産を生かしたブラウンフィールドの再生**	
最優秀賞 島本源徳賞	新宅 健	山口大学
	三好宏史	〃
	山下 敦	〃

順位	氏 名	所 属
優秀賞	中野茂夫	筑波大学
	不破正仁	〃
	市原拓	〃
	小山雄資	〃
	神田伸正	〃
	臂徹	〃
	堀江晋一	大成建設
	関山泰忠	〃
	土屋尚人	〃
	中野弥	〃
	伊原慶	〃
	出口亮	〃
	萩原崇史	千葉大学
	佐本雅弘	〃
	真泉洋介	〃
	平山善雄	九州大学
	安部英輝	〃
	馬場大輔	〃
	疋田美紀	〃
タジマ奨励賞	広田直樹	関西大学
	伏見将彦	〃
	牧奈歩	明石工業高等専門学校
	国居郁子	〃
	井上亮太	〃
	三崎恵理	関西大学
	小島彩	〃
	伊藤裕也	広島大学
	江口宇雄	〃
	岡島由賀	〃
	鈴木聖明	近畿大学
	高田耕平	〃
	田原康啓	〃
	戎野朗生	広島大学
	豊田章雄	〃
	山根俊輔	〃
	森智之	〃
	石川陽一郎	〃
	田尻昭久	崇城大学
	長家正典	〃
	久冨太一	〃
	皆川和朗	日本大学
	古賀利郎	〃
	髙田郁	大阪市立大学
	黒木悠真	〃
	桜間万里子	〃

●2007 人口減少時代のマイタウンの再生

順位	氏 名	所 属
最優秀賞 島本源徳賞	牟田隆一	九州大学
	吉良直子	〃
	多田麻梨子	〃
	原田慧	〃
最優秀賞	井村英之	東海大学
	杉和也	〃
	松浦加奈	〃
	多賀麻衣子	和歌山大学
	北山めぐみ	〃
	木村秀男	〃
	宮原崇	〃
	本塚智貴	〃
優秀賞	辻大起	日本大学
	長岡俊介	〃
	村瀬慶征	神戸大学
	堀浩人	〃
	船橋謙太郎	〃
(タジマ奨励賞)	隈部俊輔	広島大学
	中尾洋明	〃
	高平茂輝	〃
	塚田浩介	〃
	重廣亭	〃
	益原実礼	〃

順位	氏 名	所 属
タジマ奨励賞	田附遼	東京工業大学
	村松健児	〃
	上條慎司	〃
	三好絢子	広島工業大学
	龍野裕平	〃
	森田淳	〃
	宇根明日香	近畿大学
	櫻井美由紀	〃
	松野藍	〃
	柳川雄太	近畿大学
	山本恭平	〃
	城納剛	〃
	関谷有希	近畿大学
	三浦亮	〃
	古田靖幸	近畿大学
	西村知香	〃
	川上裕司	〃
	古田真史	広島大学
	渡辺晴香	〃
	萩野亮	〃
	富山晃一	鹿児島大学
	岩元俊輔	〃
	阿相和成	〃
	林川祥子	日本文理大学
	植田祐加	〃
	大熊夏代	〃
	生野大輔	〃
	鼈田和樹	〃

●2008 記憶の器

順位	氏 名	所 属
最優秀賞	矢野佑一	大分大学
	山下博廉	〃
	河津恭平	〃
	志水昭太	〃
	山本展久	〃
	赤木建一	九州大学
	山﨑貴幸	〃
	中村翔悟	〃
	井上裕子	〃
優秀賞 (タジマ奨励賞)	板谷慎	日本大学
	永田貴祐	〃
	黒木悠真	大阪市立大学
	坪井祐太	山口大学
	松本誉	〃
	花岡芳徳	広島工業大学
	児玉亮太	〃
(タジマ奨励賞)	中川聡一郎	九州大学
	樋口翔	〃
	森田翔	〃
	森脇亜津子	〃
タジマ奨励賞	河野恵	広島大学
	百武恭司	〃
	大髙美乃里	〃
	千葉美幸	京都大学
	國居郁子	明石工業高等専門学校
	福本遼	〃
	水谷昌稔	〃
	成松仁志	近畿大学
	松田尚子	〃
	安田浩子	〃
	平町好江	近畿大学
	安藤美有紀	〃
	中田庸介	〃
	山口和紀	近畿大学
	岡本麻希	〃
	高橋磨有美	〃
	上村浩貴	高知工科大学
	富田海友	東海大学

●2009年 アーバン・フィジックスの構想

順位	氏 名	所 属
最優秀賞	木村敬義	前橋工科大学
	武曽雅嗣	〃
	外崎晃洋	〃
	河野直	京都大学
	藤田桃子	〃
優秀賞	石毛貴人	千葉大学
	生出健太郎	〃
	笹井夕莉	〃
	江澤現之	山口大学
	小崎太士	〃
	岩井敦郎	〃
(タジマ奨励賞)	川島卓	高知工科大学
タジマ奨励賞	小原希望	東北工業大学
	佐藤えりか	〃
	奥原弘平	日本大学
	三代川剛久	〃
	松浦眞也	〃
	坂本大輔	広島工業大学
	上田寛之	〃
	濱本拓幸	〃
	寺本健	高知工科大学
	永尾彩	北九州市立大学
	濱本拓磨	〃
	山田健太朗	〃
	長谷川伸	九州大学
	池田亘	〃
	石神絵里奈	〃
	瓜生宏輝	〃

●2010 大きな自然に呼応する建築

順位	氏 名	所 属
最優秀賞	後藤充裕	宮城大学
	岩城和昭	〃
	佐々木詩織	〃
	山口喬久	〃
	山田祥平	〃
	鈴木高敏	工学院大学
	坂本達典	〃
	秋野崇大	愛知工業大学
	谷口桃子	〃
	宮口晃	愛知工業大学研究生
優秀賞	遠山義雅	横浜国立大学
	入口佳勝	広島工業大学
	指原豊	浦野設計
	神谷悠実	三重大学
	前田太志	三重大学
	横山宗宏	広島工業大学
	遠藤創一朗	山口大学
	木下知	〃
	曽田龍士	〃
(タジマ奨励賞)	笹田侑志	九州大学
タジマ奨励賞	真田匠	九州工業大学
	戸井達弥	前橋工科大学
	渡邉宏道	〃
	安藤祐介	九州大学
	木村愛実	広島大学
	後藤雅和	岡山理科大学
	小林規矩也	〃
	枇榔博史	〃
	中村宗樹	〃
	江口克成	佐賀大学
	泉竜斗	〃
	上村恵里	〃
	大塚一翼	〃

左段

順位	氏　名	所　　属
	今林寛晃	福岡大学
	井田真広	〃
	筒井麻子	〃
	柴田陽平	〃
	山中理沙	〃
	宮崎由佳子	〃
	坂口　織	〃
	Baudry Margaux Laurene	九州大学
	濱谷洋次	九州大学

●2011　時を編む建築

順位	氏　名	所　　属
最優秀賞	坂爪佑丞 西川日満里	横浜国立大学 〃
	入江奈津子 佐藤美奈子 大屋綾乃	九州大学 〃 〃
優秀賞	小林　陽 アマングリトゥリソン 井上美咲 前畑　薫 山田飛鳥 堀　光瑠	東京電機大学 〃 〃 〃 〃 〃
	齋藤慶和 石川慎也 仁賀木はるな 奥野浩平	大阪工業大学 〃 〃 〃
	坂本大輔	広島工業大学
	西亀和也 山下浩祐 和田雅人	九州大学 〃 〃
佳作 (タジマ奨励賞)	高橋拓海 西村健宏	東北工業大学 〃
	木村智行 伊藤恒輝 平野有良	首都大学東京 〃 〃
	佐長秀一 大塚健介 曽根田恵	東海大学 〃 〃
	澁谷年子	慶應義塾大学
(タジマ奨励賞)	山本　葵	大阪大学
	松瀬秀隆 阪口裕也 大谷友人	大阪工業大学 〃 〃
タジマ奨励賞	金　司寛 田中達朗	東京理科大学 〃
	山根大知 井上　亮 有馬健一郎 西岡真穂 朝井彩加 小草未希子 柳原絵里子 片岡恵理子 三谷佳奈子	島根大学 〃 〃 〃 〃 〃 〃 〃 〃
	松村紫舞 鶴崎翔太 西村唯子	広島大学 〃 〃
	山本真司 佐藤真美 石川佳奈	近畿大学 〃 〃
	塩川正人 植木優行 水下竜也 中尾恭子	近畿大学 〃 〃 〃
	木村龍之介 隣真理子 吉田枝里	熊本大学 〃 〃

順位	氏　名	所　　属
	熊井順一	九州大学
	菊野　慧 岩田奈々	鹿児島大学 〃

●2012　あたりまえのまち／かけがえのないもの

順位	氏　名	所　　属
最優秀賞	神田謙匠 吉田知剛	金沢工業大学 〃
	坂本和哉 坂口文彦 中尾礼太	関西大学 〃 〃
	元木智也 原　宏佑	京都工芸繊維大学 〃
優秀賞	大谷広司 諸橋　俊 上田一樹 殷　玥	千葉大学 〃 〃 〃
	辻村修太郎 吉田祐介	関西大学 〃
	山根大知 酒井直哉 稲垣伸彦 宮崎　照	島根大学 〃 〃 〃
佳作	平林　瞳 水野貴之	横浜国立大学 〃
(タジマ奨励賞)	石川　睦 伊藤哲也 江間亜弥 大山真司 羽場健人 山田健登 丹羽一将 船橋成明 服部佳那子	愛知工業大学 〃 〃 〃 〃 〃 〃 〃 〃
	高橋良至 殷　小文 岩田　翔 二村緋菜子	神戸大学 〃 〃 〃
	梶並直貴 植田裕基 田村彰浩	山口大学 〃 〃
(タジマ奨励賞)	田中伸明 有谷友孝 山田康助	熊本大学 〃 〃
(タジマ奨励賞)	江渕　翔 田川理香子	九州産業大学 〃
タジマ奨励賞	吉田智大	前橋工科大学
	鈴木翔麻	名古屋工業大学
	齋藤俊太郎 岩田はるな 鈴木千裕	豊田工業高等専門学校 〃 〃
	野正達也 榎並拓哉 溝口憂樹 神野　翔	西日本工業大学 〃 〃 〃
	冨木幹大 土肥準也 関　恭太	鹿児島大学 〃 〃
	原田爽一朗	九州産業大学
	栫井寛子 西山雄大 徳永孝平 山田泰輝	九州大学 〃 〃 〃

●2013　新しい建築は境界を乗り越えようとするところに現象する

順位	氏　名	所　　属
最優秀賞	金沢　将 奥田晃大	東京理科大学 〃
	山内翔太	神戸大学

右段

順位	氏　名	所　　属
優秀賞	丹下幸太 片山　豪 高松達弥 細川良太	日本大学 筑波大学 法政大学 工学院大学
	伯耆原洋太 石井義章 塩塚勇二郎	早稲田大学 〃 〃
	徳永悠希 小林大祐 李　海寧	神戸大学 〃 〃
佳作	渡邉光太郎 下田奈祐	東海大学 〃
	竹中祐人 伊藤　彩 今井沙耶 弓削一平	千葉大学 〃 〃 〃
	門田晃明 川辺　隼 近藤拓也	関西大学 〃 〃
(タジマ奨励賞)	手銭光明 青戸貞治 羽藤文人	近畿大学 〃 〃
	香武秀和 井野天平 福本拓馬	熊本大学 〃 〃
	白濱有紀 有谷友孝 中園はるか	熊本大学 〃 〃
	徳永孝平 赤田心太	九州大学 〃
タジマ奨励賞	島崎　翔 浅野康成 大平晃司 高田汐莉	日本大学 〃 〃 〃
	鈴木あいね 守屋佳代	日本女子大学 〃
	安藤彰悟	愛知工業大学
	廣澤克典	名古屋工業大学
	川上咲久也 村越万里子	日本女子大学 〃
	関里佳人 坪井文武 李　翠婷	日本大学 〃 〃
	阿師村珠実 猪飼さやか 加藤優思 田中隆一朗 細田真衣 牧野俊弥 松本彩伽 三井杏久里 宮城喬平 渡邉裕二	愛知工業大学 〃 〃 〃 〃 〃 〃 〃 〃 〃
	西村里美 河井良介 野田佳和 平尾一真 吉田　剣	崇城大学 〃 〃 〃 〃
	野口雄太 奥田祐大	九州大学 〃

●2014　建築のいのち

順位	氏　名	所　　属
最優秀賞	野原麻由	信州大学
優秀賞	杣川真美 末次猶輝 高橋勇人 宮崎智史	千葉大学 〃 〃 〃
(タジマ奨励賞)	泊裕太郎	西日本工業大学

左段

順位	氏名	所属
	小室昂久	日本大学
	上山友理佳	〃
	北澤一樹	〃
	清水康之介	〃
	明庭久留実	豊橋技術科学大学
	菊地留花	〃
	中川直樹	〃
	中川姫華	〃
	玉井佑典	広島工業大学
	川岡聖夏	〃
	竹國亮太	近畿大学
	大村絵理子	〃
	土居脇麻衣	〃
	直永亮明	〃
	朴裕理	熊本大学
	福田和生	〃
	福留愛	〃
	坂本磨美	熊本大学
	荒巻充貴紘	〃

●2018 住宅に住む、そしてそこで稼ぐ

順位	氏名	所属
最優秀賞（タジマ奨励賞）	駒田浩基	愛知工業大学
	岩崎秋太郎	〃
	崎原利公	〃
	杉本秀斗	〃
優秀賞	東條一智	千葉大学
	大谷拓嗣	〃
	木下慧次郎	〃
	栗田陽介	〃
（タジマ奨励賞）	松本樹	愛知工業大学
	久保井愛実	〃
	平光純子	〃
	横山愛理	〃
	堀裕貴	関西大学
	冀晶晶	〃
	新開夏織	〃
	浜田千種	〃
	高川直人	九州大学
	鶴田敬祐	〃
	樋口豪	〃
	水野敬之	〃
佳作	宮岡喜和子	東京電機大学
	岩波宏佳	〃
	鈴木ひかり	〃
	田邉伶夢	〃
	藤原卓巳	〃
	田口愛	愛知工業大学
	木村優介	〃
	宮澤優夫	〃
（タジマ奨励賞）	中家優	愛知工業大学
	打田彩季枝	〃
	七ツ村希	〃
	奈良結衣	〃
	藤田宏太郎	大阪工業大学
	青木雅子	〃
	川島裕弘	〃
	国本晃裕	〃
	福西直貴	〃
	水上智好	〃
	山本博史	〃
	朝永詩織	大阪工業大学
	石野隼丸	〃
	栢木俊樹	〃
	川合俊樹	〃
	橋本遼馬	〃
	福田翔万	〃
	福本純也	〃

順位	氏名	所属
（タジマ奨励賞）	浅井漱太	愛知工業大学
	伊藤啓人	〃
	川瀬清賀	〃
	見野綾子	〃
	中村勇太	愛知工業大学
	白木美優	〃
	鈴木里菜	〃
	中城裕太郎	〃
タジマ奨励賞	吉田鷹介	東北工業大学
	佐藤佑樹	〃
	瀬戸研太郎	〃
	七尾哲平	〃
	大方利希也	明治大学
	岩城絢央	日本女子大学
	小林春香	〃
	工藤浩平	東京都市大学
	渡邉健太郎	日本大学
	小山佳織	〃
	松村貴輝	熊本大学

●2019 ダンチを再考する

順位	氏名	所属
最優秀賞	中山真由美	名古屋工業大学
	大西琴子	神戸大学
	郭宏陽	〃
	宅野蒼生	〃
優秀賞	吉田智裕	東京理科大学
	倉持翔太	〃
	高橋駿太	〃
	長谷川千眞	〃
	高橋朋	日本大学
	鈴木俊策	〃
	増野亜美	〃
	渡邉健太郎	〃
	中倉俊	神戸大学
	植田実香	〃
	王憶伊	〃
	河野賢之介	熊本大学
	鎌田蒼	〃
	正宗尚馬	〃
佳作	野口翔太	室蘭工業大学
	浅野樹	〃
	川去健翔	〃
	根本一希	日本大学
	勝部秋高	〃
	竹内宏輔	名古屋大学
	植木柚花	〃
	久保元広	〃
	児玉由衣	〃
（タジマ奨励賞）	服部秀生	愛知工業大学
	市村達也	〃
	伊藤謙	〃
	川尻幸希	〃
（タジマ奨励賞）	繁野雅哉	愛知工業大学
	石川竜暉	〃
	板倉知也	〃
	若松幹丸	〃
	原良輔	九州大学
	荒木俊輔	〃
	宋萍	〃
	程志	〃
	山根僚太	〃
タジマ奨励賞	山下耕生	早稲田大学
	宮嶋雛衣	〃

右段

順位	氏名	所属
	大石展洋	日本大学
	小山田駿志	〃
	中村美月	〃
	渡邉康介	〃
	伊藤拓海	日本大学
	古田宏大	〃
	横山喜久	〃
	宮本一平	名城大学
	岡田和浩	〃
	水谷匠磨	〃
	森祐人	〃
	和田保裕	〃
	皆戸中秀典	愛知工業大学
	大竹浩夢	〃
	栗原峻	〃
	小出里咲	〃
	三浦萌子	熊本大学
	玉木蒼乃	〃
	藤田真衣	〃
	小島宙	豊橋技術科学大学
	Batzorig Sainbileg	〃
	安元春香	〃
	山本航	熊本大学
	岩田冴	〃

●2020 外との新しいつながりをもった住まい

順位	氏名	所属
最優秀賞	市倉隆平	マサチューセッツ工科大学
優秀賞	冨田深太朗	東京理科大学
	高橋駿太	〃
	田島佑一朗	〃
（タジマ奨励賞）	中川晃都	日本大学
	北村海斗	〃
	馬渡侑那	〃
（タジマ奨励賞）	平田颯彦	九州大学
	土田昂滉	佐賀大学
	西田晃大	〃
	森本拓海	〃
佳作	山﨑巧	室蘭工業大学
	恒川紘和	東京理科大学
	佐々木里佳	〃
	田中大我	〃
	楊葉霊	〃
	根本一希	日本大学
	渡邉康介	〃
	中村美月	〃
	勝部秋高	日本大学
	篠原健	〃
	四方勘太	名古屋市立大学
	片岡達哉	〃
	喜納健心	〃
	岡田侑也	〃
	大杉悟司	京都府立大学
	川島史也	〃
	小島新平	戸田建設
タジマ奨励賞	小山田陽太	東北工業大学
	山田航士	日本大学
	井上了太	〃
	栗岡雅己	〃
	柴田貴美子	神戸大学
	加藤亜海	〃

順位	氏名	所属
	佐藤駿介	日本大学
	石井健聖	〃
	大久保将吾	〃
	駒形吏紗	〃
	鈴木亜実	〃
	高坂啓太	神戸大学
	山地雄統	〃
	幸田 梓	〃
	大本裕也	熊本大学
	村田誠也	〃
	今泉達哉	熊本大学
	菅野 祥	〃
	簗瀬雄己	〃
	稲垣拓真	愛知工業大学
	林 佑樹	〃
	松田茉央	〃

●2021 まちづくりの核として福祉を考える

順位	氏名	所属
最優秀賞	大貫友瑞	東京藝術大学
	山内康生	東京理科大学
	王 子潔	〃
	近藤 舞	〃
	恒川紘和	〃
(タジマ奨励賞)	林 凌大	愛知工業大学
	西尾龍人	〃
	杉本玲音	〃
	石原未悠	〃
優秀賞	熊谷拓也	日本大学
	中川晃都	〃
	岩崎琢朗	〃
	江畑隼也	坂東幸輔建築設計事務所
	上村理奈	熊本大学
	大本裕也	〃
	Tsogtsaikhan Tengisbold	〃
	福島早瑛	熊本大学
	菅野 祥	〃
	Zaki Aqila	〃
佳作	坪内 健	北海道大学
	岩佐 樹	〃
	中島佑太	〃
(タジマ奨励賞)	守屋華那歩	愛知工業大学
	五十嵐翔	〃
	山口こころ	〃
	山本晃城	大阪工業大学
	福本純也	〃
	小林美穂	〃
	亀山拓海	〃
	信木嶺吾	〃
	河野仁哉	〃
(タジマ奨励賞)	若槻瑠実	広島大学
	中野瑞希	〃
	鈴木滉一	神戸大学
	生田海斗	京都工芸繊維大学
(タジマ奨励賞)	宮地栄吾	広島工業大学
	片山萌衣	〃
	田村真那斗	〃
	藤巻太一	〃
タジマ奨励賞	永嶋太一	愛知工業大学
	此島 滉	〃
	水谷美祐	〃
	伊藤稚菜	愛知工業大学
	山村由奈	〃
	市原佳奈	〃

順位	氏名	所属
	河内 駿	愛知工業大学
	一柳奏匡	〃
	山田珠莉	〃
	袴田美弥子	〃
	青山みずほ	〃
	大藪聖也	愛知工業大学
	五十嵐友雅	〃
	出口文音	〃
	平邑颯馬	愛知工業大学
	神山なごみ	〃
	原 悠馬	〃
	赤井柚果里	〃
	瀬山華子	熊本大学
	北野真凜	〃
	古井悠介	〃

●2022 「他者」とともに生きる建築

順位	氏名	所属
最優秀賞	亀山拓海	大阪工業大学
	谷口 歩	〃
	芝尾 宝	〃
	袋谷拓央	〃
	古家さくら	〃
	桝田竜弥	〃
	島原理玖	〃
	村山元基	〃
	半澤 諒	大阪工業大学
	池上真未子	〃
	井宮靖崇	〃
	小瀧玄太	〃
優秀賞	上垣勇斗	近畿大学
	藤田虎之介	〃
	船山武士	〃
	吉田真子	〃
	曽根大矢	近畿大学
	粕谷しま乃	〃
	池内聡一郎	〃
	篠村悠人	〃
	小林成樹	〃
	谷本優斗	神奈川大学
	半井雄汰	〃
	嶋谷勇希	〃
	林眞太朗	〃
	井口翔太	〃
	栁田陸斗	鹿児島大学
佳作	清 亮太	日本大学
	木田琉誓	〃
	星川大輝	〃
	松下優希	〃
	中村健人	〃
	中川晃都	日本大学
	井上了太	〃
	岩﨑琢朗	〃
	熊谷拓也	〃
	橋口真緒	東京理科大学
	殖栗瑞葉	〃
	山口丈太朗	〃
	小林 泰	〃
	宮地栄吾	広島工業大学
	原 琉太	〃
	松岡義尚	〃
	本山有貴	神戸大学
	有吉慶太	〃
	眞下健也	〃
	尹 道現	〃
タジマ奨励賞	青木優花	愛知工業大学
	杉浦丹歌	〃
	加藤孝大	〃
	浅田一成	〃
	岩渕蓮也	〃

順位	氏名	所属
	釘宮尚暉	日本文理大学
	津田大輝	〃
	齊藤維衣	〃
	熊﨑瑠茉	愛知工業大学
	大塚美波	〃
	橋村遼太朗	〃
	保田真菜美	〃
	山本裕也	〃
	鈴木蒼都	愛知工業大学
	加藤美咲	〃
	名倉和希	〃
	川村真凜	〃
	丹羽菜々美	愛知工業大学
	久保社太郎	〃
	院南汐里	〃
	笠原梨花	〃
	服部楓子	愛知工業大学
	明星拓未	〃
	後藤由紀子	〃
	五家ことの	〃

（　）はタジマ奨励賞と重賞

環境と建築
2023年度日本建築学会設計競技優秀作品集　　　定価はカバーに表示してあります。

2024年1月10日　1版1刷発行　　　　　　　ISBN 978-4-7655-2646-3 C3052

編　　者　一般社団法人日本建築学会

発 行 者　長　　滋　　彦

発 行 所　技 報 堂 出 版 株 式 会 社

〒101-0051　東京都千代田区神田神保町1-2-5
電　話　営　　業（03）（5217）0885
　　　　編　　集（03）（5217）0881
　　　　Ｆ Ａ Ｘ（03）（5217）0886
振替口座　00140-4-10
http://gihodobooks.jp/

日本書籍出版協会会員
自然科学書協会会員
土木・建築書協会会員

Printed in Japan

ⒸArchitectural Institute of Japan, 2024　　　装幀　ジンキッズ　　印刷・製本　朋栄ロジスティック